우주 그 끝은 어디인가

사이언스 21
우 주 편

원작 **KBS 사이언스21** 글 **이영옥** 감수 **곽영직** 수원대 물리학과 교수

우주
그 끝은 어디인가

바다출판사

21세기 우주 물리학의 현주소

'우주, 그 끝은 어디인가.'

'우주의 끝' —공간에 있어서의 막다른 '곳', '위치'와 생명체로서의 우주가 수명을 다하는 그 '순간', '시점'의 뜻을 모두 포함한다—을 묻는 이 천문학적 질문은 현대 우주 물리학의 가장 큰 화두이자, 우주의 가장 비밀스러운 문을 여는 열쇠다. 그러나 결론부터 이야기하자면, 아쉽게도 '우주의 끝'은 아직 명확하게 밝혀지지 않았다. 우주를 연구하는 천문학자들은 인간의 모든 지식과 상상력을 동원해서 여러 가지 가설로 추측하고는 있지만 그중 어느 것이 정답인지, 혹은 그 안에 정답이 있기나 한 것인지 알 수 없는 게 현실이다.

그래도 다행인 것은, '우주의 끝'을 탐구하는 과정에서 인류의 지식은 더욱더 심오하게 발전하고 있다는 것이다. '우주의 끝'을 알기 위해서는 우주 삼라만상의 모든 원인과 운동법칙을 알아야 한다. 눈에 보이는 것 이상의, 지식의 지평선 저 너머에 숨어 있는 진실을 알고자 하는 노력과 열정이 있어야 한다. '우주의 끝'을 묻는 것 자체가 과학은 물론 모든 철학적 지식과의 싸움을 앞둔 선전포고나 마찬가지다. 쉽게 답이 나오지 않는 프로그램이 될 거라는 걸 뻔히 알면서도 이것을 'KBS특별기획 사이언스 21' 시리즈의 한 편으로 자신 있게 내세운 것은 그 때문이다.

2003년 4월 30일, KBS 1TV를 통해 방송된 〈우주 그 끝은 어디인가〉는 21세기 현재 우주 물리학자들이 이룩한 최신의 업적들을 토대로 제작됐다. 이 최신의 연구 성과들을 이해할 수 있으려면 지난 인류를 통틀어, 아니 최소한 20세기 100년 동안 비약적으로 발전한 천문학과 우주론에 대한 이해가 전제되어야 하는데, 방송 프로그램에서는 시간 관계상 이 '전제'를 대부분 생략할 수밖에 없었다. 대신 이 책에서는 천문학과 우주론의 발전 과정에도 충분한 지면을 할애했다. 또한 어려운 이론들과 난해한 논쟁에 대한 이해를 돕기 위해 사진과 도표들을 많이 활용했고 맥락상 꼭 필요한 것은 아니지만 흥미를 돋우기 위해 우주망원경과 우주탐사의 역사에도 눈을 돌렸다.

프로그램 제작에 앞서 관련 서적들을 탐독하기는 했지만 책을 쓰는 일은 그것과는 별개의 새로운 작업이었다. 더욱 치밀한 구성과 정확성이 요구되는 이 작업에 가장 큰 도움을 준 이는 수원대학교의 곽영직 교수, 송대원 PD, 그리고 자료조사원 이자영 씨, 바다 출판사의 손경여 씨이다.

방송작가의 특성상 어떤 분야에 대해서도 '말할 자세'가 되어 있긴 해도, 내 인생의 첫 출판이 이 과학 분야에서 이뤄질 줄은 상상도 못했다. 부족한 점은 많지만 자신이 선택할 직업 리스트에서 기초과학 분야는 아예 제껴둔 청소년들에게 이 책이 조금이나마 자극이 될 수 있길 바란다.

우주를 연구하는 것은
인간의 존재 의미를 탐구하는 것

곽영직(수원대 물리학과 교수)

인류가 과학 활동을 본격적으로 시작한 것은 그리 오래전의 일이 아니다. 인류는 지구상에 살기 시작한 이래 계속 자연에 대한 지식을 축적해왔고, 자연을 생활에 이용하는 기술을 발전시켜왔다. 그러나 자연 현상을 분석하여 그 원인을 이해하려는 체계적인 노력은 고대 그리스인들이 시작한 것으로 알려져 있다. 따라서 과학의 역사는 약 2,500년이라고 할 수 있다. 2,500년의 과학의 역사 동안 인류가 가장 큰 관심을 기울인 주제는 우주의 문제였다. 우주는 어떻게 구성되어 있으며, 우주는 어떻게 운행되고 있는가 하는 것은 과학자들은 물론 일반인들도 큰 관심을 가지는 과학의 주제였다. 우주는 인류에게 무한한 신비감을 주는 대상이었을 뿐만 아니라, 인간이 누구인가 하는 물음에 궁극적인 대답을 해줄 수 있는 대상으로 생각되었기 때문이다.

고대인들에게는 태양계가 우주의 전부였다. 계절마다 다시 나타나는 별자리의 모양이나 위치가 변하지 않는 것으로 보아 별들은 천정에 고정되어 있는 것이라고 생각했다. 그런데 고정되어 있는 별들 사이를 움직여 다니는 천체가 일곱 개 있었다. 그것들은 월月, 화火星, 수水星, 목木星, 금金星, 토土星, 일太陽이었다. 고대인들은 이 일곱 개의 천체가 어떻게 움직이고 있는가를 설명하기 위해 여러 가지 천문체계를 발전시켰다. 우리가 잘 알고 있는 천동설이니 지동설이니 하는 것은 이 일곱 천체의 운동을 설명하려고 했던 천문체계들이다. 일주일이 칠 일로 정해진 것도 이 일곱 천체와 관계가 있었을 것이라는 것은 쉽게 짐작할 수 있다.

본격적으로 천문관측에 망원경을 사용하기 시작한 근대 천문학이 발달하면서 숨겨져 있던 태양계의 실체도 속속 드러났고, 태양계를 포함하고 있는 우리은하와 우리은하 밖에 있는 수많은 다른 은하들, 그리고 은하들로 이루어진 대 우주의 구조가 밝혀지기 시작했다. 20세기에는 천문학이 더욱 발전하여 우주의 구조를 밝혀내는 것을 넘어 우주가 어떻게 시작되었는지 그리고 우주의 종말이 어떻게 될지를 논하는 단계까지 이르게 되었다. 이러한 것들은 맨눈으로 관측할 수 있는 태양계의 일곱 개 천체들의 운동을 설명하려고 시도했던 고대인들로서는 전혀 상상할 수도 없었던 일들이었다.

인류는 오랫동안 지구가 우주의 중심이라고 생각했다. 그러다 우주의 중심이 태양으로 옮겨간 후에는 오랫동안 태양을 우주의 중심이라고 생각했다. 그것은 인류가 태양계 밖에 있는 넓은 우주에 대한 지식이 없었기 때문이기도 하지만, 인간은 다른 생명체와 다른 특별한 존재이고, 따라서 인간이 발을 딛고 사는 지구나 태양계는 우주에서 특별한 의미를 가지는 천체일 것이라고 생각한 때문이기도 했다. 그래서 지구가 우주의 중심에서 변두리로 밀려나는 새로운 발견이 있을 때마다 강력하게 새로운 지식을 거부하기도 했었다. 그럼에도 태양계와 우주는 한없이 넓어졌다. 그 결과 인류는 우주의 중심이 아닌 우주의 변두리에 살고 있는 아주 작은 존재라는 것을 인정하지 않을 수 없게 되었다.

천문학에서는 우주의 구조를 밝혀내려는 노력과 함께 '우주에 외계 생명체가 존재할까' 라는 문제에 큰 관심을 기울이고 있다. 지적인 외계 생명체가 보내고 있을지도 모르는 신호를 잡아내기 위해 노력을 계속해오고 있고, 외계 생명체가 존재할 수 있는 환경을 가진 행성계를 찾아내기 위한 노력도 계속하고 있다. 우주의 크기, 우주에서의 지구의 위치, 외계 생명체의 유무가 그토록 중요한 이유는 이런 사실들이 인류의 존재 의미에 큰 영향을 주기 때문이다.

인류는 오랫동안 신을 통해 인류의 의미를 확인하려고 노력했다. 신과 인간의 관계 속에서 인류의 존재 의미를 찾으려 했다. 각자가 믿는 종교적 교리에 따르면 의외로 쉽게 이 문제의 답을 구할 수 있지만 객관적이고 합리적인 사실을 중요시하는 과학적 관점에서 보면 종교에서 구한 지식은 그리 만족스럽지 못했다. 그런 사람들에게 우주를 연구하는 것은 인간의 존재 의미를 다시 생각해보게 하는 유일한 방법처럼 보였다. 물론 우주를 연구한다고 해서 우리가 원하는 것을 쉽게 알아낼 수는 없다. 우주는 늘 인간의 상상의 한계를 뛰어넘었고 그럴 때마다 인류는 인류 존재에 의미를 부여하는 일에 혼란을 겪어야 했다. 우주가 커짐에 따라 인간은 한없이 왜소해져가는 것 같아 보이기도 했다. 그러나 어느 순간 엄청난 우주를 마주하고 서 있는 거인 같은 자신들의 모습을 발견하고 놀라기도 했다. 우주의 크기에 비하면 한없이 작고 보잘것없는 인류가 알아낸 우주에 대한 지식은 대단한 것이었기 때문이다.

그러나 천문학이 발전하는 것과 비례해서 천문학의 내용은 점점 더 어려워졌다. 특히 20세기에 새롭게 성립된 양자물리학과 결합한 현대 천문학의 내용은 일반인들이 접하기에는 너무 복잡하고 어려운 내용이 되어버렸다. 천문학이 복잡하고 어려워졌다고 해서 우주에 대한 사람들의 관심이 줄어든 것은 아니다. 오히려 그 반대로 사람들은 끊임없이 우주에 대하여 새로운 사실을 알아내고 그것의 의미를 생각하기를 원했다. 그러한 사람들의 요구를 만족시키기 위해 우주와 천문학을 다룬 수많은 책들이 출간되었다. 그러나 천문학의 전반적인 내용을 담고 있으면서도 읽어 내려가기 쉬운 책을 만드는 일은 쉬운 일이 아니다. 그것은 반대 방향으로 달아나는 두 마리 토끼를 한꺼번에 잡으려는 것처럼 어려운 일이었다.

'우주 그 끝은 어디인가' 라는 제목을 달고 있는 이 책은 읽어 내려가기 쉬운 쪽에 더 무게를 두고 있는 책이라고 할 수 있다. 이 책의 원전이라고 할 수 있는 방송 프로그램이 우주론이나 천문학에 특별한 지식이 없는 일반인들을 대상으로 하고 있어서 천문학의 내용을 쉽게 설명하기 위해 많이 노력한 흔적을 곳곳에서 발견할 수 있다. 하지만 방송 내용을 책으로 정리하는 과정에서 많은 내용을 보완했기 때문에 가독성에 어느 정도의 전문성도 담게 되었다. 태양계 탐사 과정, 현재 세계 곳곳에서 우주의 탐사를 위해 사용하고 있는 망원경에 대한 소개, 그리고 마지막으로 우주의 시작과 팽창 과정을 다룬 우주론에 이르기까지 천문학의 전반적인 내용을 읽어내는 데 큰 부담이 없는 언어를 이용해 설명해나간 것이 이 책의 가장 큰 장점이라 할 수 있을 것이다.

우주는 인류의 고향이다. 고향을 아는 것은 그 고향에서 태어난 인류가 누구인가를 알기 위해 꼭 필요한 일이다. 하지만 우리의 고향은 한없이 크고 복잡하고 신비로워서 베일을 쉽게 벗어던지지 않는다. 하지만 우리는 우리 고향을 알아내는 일을 잠시라도 멈출 수 없다.

'우주의 끝은 어디인가?' 라는 질문으로 시작하는 이 책은 천문학과는 직접 관계가 없는 일반인들도 쉽게 우리 고향 우주를 탐색하고 연구하는 일에 동참할 수 있는 길을 열어줄 것이다.

2004년 7월 카시니호가 전송해온 토성의 고리 자외선 사진(위)과
1981년 보이저 2호가 찍은 자외선 사진(아래)
20여 년이 흐르는 동안 사진의 해상도는 100배가량 선명해졌다.
그동안 우주과학 기술은 이 사진이 보여주는 차이만큼 비약적으로 발전했다.

대마젤란은하

천 리 길도 한 걸음부터 —태양계 연구

우주의 끝은 어디인가? 이 질문은 누구도 자신 있게 대답할 수 없는 가장 어려운 물음 중의 하나일 것이다. 동서고금을 막론하고 '우주'는 천문학적 인 차원뿐만 아니라 철학적으로도 '이 세상의 모든 것'을 의미했다. 그 '우 주'는 우리의 생각에 따라 눈에 보이는 지평선까지일 수도 있고, 때로는 별 들이 총총한 하늘 전체일 수도 있다. 문제는 천문학이 발달하면 할수록 '우 주'는 눈에 보이는 것 이상, 상상할 수 있는 규모 이상으로 훨씬 드넓은 곳 임이 드러난다는 것이다.

우주의 실체를 제대로 알지 못했던 옛 천문학자들은 태양계 구조와 운행 을 이해하는 데 관심을 기울였다. 태양계에 대한 이해는 우주를 이해하는 실마리를 제공했다. 우리가 우주의 이야기를 지구와 태양계에서 시작하는 것도 같은 이유 때문이다.

지구의 크기를 제일 먼저 계산해낸 사람은 기원전 230년경 이집트에 살 았던 그리스의 과학자 에라토스테네스Eratosthenes이다. 잘 알려진 것처럼 그는 자신이 살던 시에네와 그곳에서 900km가량 떨어진 알렉산드리아에 서, 정오에 비추는 햇빛의 각도를 비교해 지구 둘레를 계산했다. 이것이 지 구와 달 사이의 거리, 지구와 태양 사이의 거리, 그리고 지구로부터 태양계 각 행성들까지는 물론 하늘의 수많은 별들까지의 거리를 계산하는 첫걸음 이었다.

인류는 오랫동안 별들이 지구를 둘러싼 구형의 하늘에 박혀 있다고 생각했다. 별들이 박혀 있는 천정의 안쪽에는 행성들이 고정되어 있는 여러 겹의 수정구가 있는데 수정구들은 달, 태양, 수성, 금성, 화성, 목성, 토성의 차례로 배열되어 있다고 생각했다.

심지어 만유인력의 법칙을 알아낸 아이작 뉴턴Isaac Newton도 별들까지의 거리에 대해 자신이 알아낸 사실을 스스로 거부했다. 그는 별들의 밝기가 서로 다른 것에 착안, 시리우스라는 별의 실제 밝기가 만약 태양의 밝기와 비슷하다면 눈에 보이는 정도로 어둡게 보이기 위해서는 지구와 태양 사이의 거리보다 100만 배나 멀리 떨어져 있어야 한다는 결론에 도달했다. 실제로 시리우스는 지구에서 아주 가까운 별에 속하며 그 거리는 지구와 태양 사이의 거리보다 50만 배가량 멀다. 어쨌든 뉴턴은 이 엄청난 결과—너무나 큰 우주—에 어리둥절한 나머지, 살아생전에 이 연구 결과를 발표하지 못했고 뉴턴이 죽은 이듬해, 그의 책 『우주의 체계』를 통해 그 사실이 세상에 알려졌다.

에라토스테네스의 경우에서도 알 수 있듯이 지구를 비롯한 행성들과 태양의 운동법칙과 주기, 그 행성들 간의 거리에 대한 관심은 꽤 오래전부터 시작됐으며 빙산의 일각이긴 해도 조금씩 그 실체가 밝혀졌다.

1543년에는 폴란드의 천문학자 니콜라스 코페르니쿠스Nicolaus Copernicus가 『천체의 회전에 관하여』라는 책을 통해 지구와 다른 행성들이 태양을 중심으로 돌고 있다는 '태양 중심설'을 발표했다. 인류가 '지구 중심설'을 버리고 '태양 중심설'을 받아들이기까지는 위에 든 학자들 외에도 알바타니, 티코 브라헤, 요하네스 케플러 등 수많은 천문학자들이 많은 기여를 했다. 그들에게 성능 좋은 망원경이나 컴퓨터가 있을 리 만무했다. 당시로서는 혁명적인 천문학 이론을 내놓는 데 그들에게 필요한 것은 단지 맨눈으로라도 끊임없이 하늘을 관측하는 집요함과 여러 가지 수치를 계산하기 위한 펜과 종이뿐이었다.

17세기 들어 갈릴레오 갈릴레이는 더욱 확신에 차서 '태양 중심설' '지구 자전설'을 주장했고 망원경이라는 강력한 수단을 가지게 된 뒤로는 목성의 위성, 토성의 고리, 은하수 내의 별 무리 등 눈에 보이지 않던 천체들의 존재를 세상에 알렸다.

천문학자들은 오랜 시간에 걸쳐 차가운 멸시와 때로는 박해를 받아가며 태양계의 운행법칙을 알아냈다. 이제는 태양 중력의 영향으로 지구를 포함한 9개의 행성이 태양을 중심으로 주변을 돌고 있다는 것은 기초 상식에 지나지 않지만 인류가 이 사실을 알아내기까지는 꽤 오랜 시간이 걸린 셈이다. 물론 태양계에는 9개의 행성만 있는 게 아니다. 비교적 큼지막한 행성들 외에도 화성과 목성 사이에 있는 수만 개의 소행성, 명왕성 바깥쪽에 있는 카이퍼 띠의 수많은 소행성, 오르트 구름 등 작은 천체들이 지구와 마찬가지로 태양의 중력에 묶여 있다.

우주로 향한 인류의 발자취

1957년 10월 4일, 구소련에서는 인공위성 스푸트니크 1호를 지구 궤도 위로 쏘아 올렸다. 무게 83.6kg, 금속으로 된 구 모양의 위성체에 4개의 안테나가 달려 있고 장비는 간단한 발신기 정도였지만 인류 역사상 최초의 우주선이라는 점에서 기념비적인 사건으로 기록된다. 바야흐로 인류는 우주 '관측'에서 '탐사'의 시대로, 한 단계 진화한 것이다.

스푸트니크 1호는 96.2분에 한 번씩 지구 둘레를 돌면서 21일간 통신을

고대의 천문학자들

알바타니Albatani

860년경부터 929년에 살았던 아라비아의 천문학자. 『천문학 보전』이란 책을 통해 역시 태양의 궤도를 밝혀내고 태양과 달의 크기를 비교, 일식의 가능성을 논했다. 그의 이론은 후대 서양의 코페르니쿠스, 티코 브라헤 등에게 큰 영향을 미친 것으로 알려져 있다.

티코 브라헤Tycho Brahe

1572년, 카시오페이아자리 근처에서 새로운 별을 발견한 뒤 『신성에 대하여』라는 책을 통해 우주는 고정불변한 세계가 아니라 계속 변화한다고 주장했던 덴마크의 천문학자. 그러나 지구 중심설을 버릴 만큼 용감하지는 못했는지 행성은 태양의 주위를 돌고 태양은 지구 주위를 돈다는 절충설을 만들었다.

티코 브라헤

요하네스 케플러Johannes Kepler

티코 브라헤가 16년간 연구한 화성 관측 자료를 인계받아 화성의 공전궤도가 타원이라는 것을 밝혀냈다. 이후 행성의 공전주기와 공전궤도의 반지름과의 관계를 설명, 행성 운동의 3법칙을 완성했다. 그의 이론은 뉴턴 역학에도 지대한 영향을 미쳤다.

요하네스 케플러

갈릴레오 갈릴레이Galileo Galilei

1610년경, 자신이 직접 만든 망원경으로 은하수를 관측하고, 은하수가 수없이 많은 별들로 이루어져 있다는 사실을 처음으로 발견했다. 이 외에도 목성 주변을 도는 4개의 위성과 토성의 고리 등을 발견했다. 이 사실들은 그가 한 치의 의심도 없이 '지동설'을 믿게 하는 데 결정적인 역할을 했다.

갈릴레오 갈릴레이

혜성의 고향 카이퍼 띠와 오르트 구름

카이퍼 띠와 오르트 구름은 모두 혜성의 고향으로 여겨진다.

카이퍼 띠Kuiper Belt

46억 년 전, 태양계가 생성될 때 행성이 되지 못하고 남은 얼음과 운석들의 집합체. 해왕성 궤도 바깥쪽, 태양으로부터 45억~75억km 떨어진 곳에 있다. 1951년, 명왕성의 궤도를 계산하던 네덜란드의 천문학자 카이퍼Gerard P. Kuiper가 명왕성에 중력 영향을 주는 또 다른 행성이 있을 것이라고 예측했으며, 1992년에야 실제 관측으로 확인됐다.

오르트 구름Clouds of Oort

네덜란드의 천문학자 오르트Jan Hendrit Oort가 혜성의 저장고로 지목한 태양계 가장 바깥쪽의 천체들의 집합체. 엄청나게 많은 천체들이 구름처럼 모여 있는 것이라 오르트 구름이란 이름을 얻었지만 실제로 오르트 구름을 직접 관측하거나 확인한 적은 없다. 천문학자들은 오르트 구름에 약 5~6조 개의 잠재적 혜성이 숨어 있을 것으로 추측하며 그 궤도 반지름이 5만AU에서 10만AU에 달할 것으로 보고 있다. 오르트 구름 속의 혜성의 핵이 여러 원궤도를 돌다가 때때로 가까이 있는 항성의 인력의 영향으로 태양계 안쪽까지 들어가는 궤도로 변해 혜성이 되는 것으로 추측된다.

AU(Astronomical Unit)
태양계에서 행성들 사이의 거리를 나타내는 단위로, 1AU는 태양과 지구 사이의 거리 즉, 1억 4,960만km이다. 이를 기준으로 다른 별들과의 거리를 측정한다.

주고받았고, 그 뒤로는 연료 소모로 통신을 끊고 지구 궤도를 72일간을 더 돌았다. 그리고 1958년 1월 4일, 스푸트니크는 지구로 귀환하던 중 대기 중에서 연소됐다.

이 일은 당시 정치 체제나 군사, 경제, 모든 면에서 구소련과 경쟁 관계에 놓여 있던 미국의 자존심을 완전히 구겨버렸고, 이후 미국이 두 팔 걷어붙이고 우주개발에 뛰어들게 만든 계기가 됐다. 1961년 5월 25일 미국의 케네디 대통령은 '국가의 긴급 과제와 현상에 관한 특별 교서'를 발표하면서 '1960년대가 끝나기 전에 인간을 달에 착륙시켰다가 다시 안전하게 지구로 귀환시키겠다'는 아폴로 계획을 천명했다. 이 선언을 지키기 위해 안간힘을 쓴 미국은 우리가 잘 알다시피 1969년 마침내 인류를 달에 보내는 데 성공했다.

이렇게 스푸트니크를 시작으로 인공위성 및 우주선을 발사하기 시작한 지 50년이 채 안 된 지금, 인류의 우주선 기술은 달에 사람을 보내고 무인 탐사선은 태양계를 벗어나 반영구적으로 우주여행을 할 수 있는 수준까지 도달했다. 그러나 아직까지 탐사선의 실질적인 목적과 성능은 주로 태양계의 수수께끼를 밝히는 수준에 머물러 있다.

태양과 태양계는 인류가 직접 탐사할 수 있는 유일한 별세계이다. 따라서 태양과 태양계 탐사를 통해 알게 된 지식은 우주를 이해하는 기초 지식이 될 것이다.

천문학자들의 노력으로 인류는 지구에 앉아서도 태양계의 구성요소와 각 행성들 간의 거리를 알 수 있게 되었지만 우주로 직접 나간 탐사선들이 이룩한 성과는, 지구에 앉아서는 도저히 알 수 없는 것들이었다. 지금부터는 그동안 우주로 쏘아 올려진 주요 행성 탐사선들의 면면과 그들이 알아낸 태양계의 새로운 발견을 짚어보기로 한다.

우주에 남긴 첫 발자국, 달 탐사

달 탐사에는 편도만 3일 정도 걸린다. 구소련은 1959년부터 1976년까지 모두 24회에 걸쳐 달 탐사선 루나 계획을 실행했다. 루나 탐사선들은 여러 가지 기록을 가지고 있는데, 루나 1호는 최초로 지구의 중력을 벗어난 뒤 태양 궤도로 진입한 우주선이다. 루나 2호는 비록 달에 충돌했지만 인간이 쏘아올려 달에 도달한 최초의 물체이며, 루나 3호는 1959년 10월 4일 최초로 달의 뒷면을 촬영했다. 루나 9호는 최초로 달 표면에 착륙해 영상을 찍어 보냈다. 1970년, 1972년, 1976년 에는 3기의 루나 탐사선이 달 표면에서 표본을 채취해 탐사선의 귀환 캡슐 속에 넣은 뒤 지구 대기에 재진입 하는 데 성공했다.

루나 3호

인간의 달 탐사에 대비 하기 위해 발사된 무인 우주선만 해도 구소련이 루나, 존스 등 총 30회, 미국은 레인저, 서베이어, 루나 오비터, 파이오니어 등 모두 24회 발사했다. 그중

성공한 횟수는 구소련이 20회 정도, 미국은 14회이다.

1958년 미국은 NACA(항공 자문위원회)를 해체하고 군사적 목적이 아닌 모든 우주 계획을 총괄하는 NASA (National Aeronautics and Space Administration, 미국 항공우주국)를 설립한다. 케네디 대통령의 적극적인 지원으로 유인 우주선 계획인 '머큐리 계획'을 추진, NASA는 아폴로 11호의 달 착륙 성공으로 미국 중심의 우주시대의 서광을 맞는다.

아폴로Apollo 탐사선

아폴로 11호

1969년 7월 16일. 그 유명한 아폴로 11호가 미국 케네디 우주센터에서 땅을 박차고 힘차게 솟아올랐다. 승무원 즉 우주인 세 명을 싣고 달을 향해 발사된 아폴로 11호는 4일 후 달에 도착, 6시간이 지난 10시 56분에 인류 최초의 달 착륙이라는 업적을 달성했다.

달에 착륙한 우주인들은 비록 흑백이지만 선명한 달 사진을 전송했으며, 이후 12호에서부터 17호에 이르는 우주선들 역시 여러 차례 다량의 월석을 채취하고 달 표면을 탐사

인간 최초의 달 착륙

하는 데 성공했다.

달에서 태양계로

달 탐사에서 자신감을 얻은 미국은 달뿐만 아니라 태양계의 여러 행성으로 탐사의 눈길을 돌리고 구체적인 비행 계획을 세우기 시작했다. 1973년에는 매리너 10호로 금성, 수성을 정밀 관측하고 1976년에는 바이킹 1, 2호를 화성에 착륙시켰다. 1977년에는 보이저 1, 2호를 발사하여 목성, 토성, 천왕성, 해왕성을 관측했으며 1978년 발사된 파이오니어 비너스 1, 2호는 금성 대기 및 표면에 대한 탐사를 진행했다. 1989년 10월에는 목성 탐사선 갈릴레오를 발사하여 목성 및 그 위성에 대한 관측 자료를 수집했다. 1996년 말에는

파이오니어 10호

1972년 3월, 지구를 떠난 파이
오니어 10호는 그해 12월 목성
을 통과했다. 초속 14km라는
엄청난 속도에도 불구하고 태
양계 행성들의 맏형, 목성에 접
근하는 데는 9개월이란 기간이
걸렸다. 파이오니어 10호는 목
성을 통과하면서 그 표면 사진
을 지구에 보내왔고, 이후에는
목성의 강력한 중력을 이용해
태양계 바깥쪽으로 진로를 바
꿔 우주항해를 계속했다. 1983
년 6월 13일, 파이오니어 10호
는 명왕성을 통과하면서 마침
내 태양계를 벗어난 최초의 우
주선이 되었다.

화성을 향해 마스 글로벌 서베이어호와 마스 패스파인
더를 발사, 향후 유인 우주선을 화성에 착륙시키기 위
한 준비에 들어갔다.

자, 이제 태양계 연구에 커다란 성과를 남긴 주요 행
성 탐사선들에 대해 자세히 알아보자.

금판

미국 NASA의 과학자들은 파
이오니어 10호가 외계 생명체,
혹은 문명과 접촉할 가능성을
염두에 두고 우주선에 남녀의
나체 모습과 지구의 위치, 지구
상의 생물들에 관한 정보, 각 나
라의 언어와 문화, 역사 등 인간
문명의 발자취를 새긴 금판을
함께 실었다.

파이오니어Pioneer 시리즈

파이오니어 계획은 1958년에 시작하여, 1호부터 4

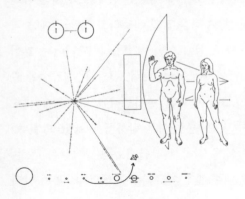

왼쪽: 매리너 10호
1973년 11월 3일에 발사된 수성, 금성 탐사선. 역시 미국 NASA의 작품이다. 최초로 2개의 행성을 탐사하도록 계획되었다. 1974년 2월 5일, 금성에 접근한 매리너 10호는 계획대로 금성의 인력을 이용해 수성 쪽으로 방향을 틀었다. 매리너 10호는 1974년 3월 29일과 9월 21일, 그리고 1975년 3월 16일 세 번에 걸쳐 수성을 지나면서 수성 전 표면의 57%를 1만 장의 사진에 담는 데 성공했다. 이 탐사의 결과, 수성 표면의 온도가 낮에는 영상 187℃, 밤에는 영하 183℃를 오간다는 사실을 알아냈고 수성에 약간의 자기장이 있다는 것도 발견했다. 1975년 3월 24일, 매리너 10호는 탐사를 마쳤지만 지구로 귀환하지 않고 지금도 태양 궤도를 돌고 있다.
오른쪽: 매리너 10호가 찍은 수성 사진

호까지는 달을 탐사하기로 되어 있었지만 모두 실패로 끝났다. 1960년부터 1968년까지 발사된 파이오니어 5호부터 9호까지는 모두 태양의 궤도를 선회하는 데 성공했으며 태양풍과 우주선, 지구의 자기장, 우주 공간의 입자들에 대해 조사했다.

파이오니어 10호와 11호는 모두 소행성대를 넘어 갔으며, 파이오니어 시리즈의 마지막 탐사선인 파이오니어 비너스 1, 2호는 1978년에 발사되어 금성을 탐사했다.

매리너Mariner 시리즈

매리너 탐사선은 총 10기가 발사됐다. 1962년 발사된 매리너 2호는 금성으로 향했고 1964년에 발사된 매리너 4호는 세계 최초로 화성을 지나 비행하는 데 성공

바이킹 탐사선

궤도를 도는 모선과 착륙선, 탐사선의 구조로 이뤄진 화성 탐사선. 착륙선이 화성의 기후를 조사하고 그 표면을 촬영하는 동안 모선은 화성은 물론 위성인 포보스, 데이모스의 모습을 촬영했다. 착륙선들은 예상했던 시간보다 훨씬 오랫동안 활동했다.

했다. 매리너 9호는 1971년에 발사됐는데 화성 둘레의 궤도에 올라 지구 이외의 다른 행성의 궤도를 도는 최초의 인공위성이 되었다. 매리너 9호는 화성 표면의 여러 화산, 크레이터와 거대한 협곡을 촬영하는 데 성공했다.

바이킹 탐사선이 찍은 화성의 표면

바이킹 탐사선

1975년에 미국에서 쏘아 올린 세계 최초의 화성 탐사선이다. 화성 궤도를 도는 모선의 무게 900kg, 착륙선의 무게 600kg 등 탐사선 전체의 무게가

3,399kg에 달하는 당시로서는 초대형 우주선이었다. 1975년 8월 20일, 지구를 떠난 바이킹 탐사선은 1976년 6월 19일, 근 10개월 만에야 화성 궤도에 진입했고 한 달 뒤인 1976년 7월 20일에는 착륙선을 화성 표면에 착륙시키는 데 성공했다. 바이킹 착륙선은 화성의 기후와 미세한 유기물을 포착하는 게 주 임무였고 모선은 화성 궤도를 돌며 표면의 컬러사진을 찍어 전 지구인에게 생생한 화성의 모습을 전달했다. 모선은 통신이 종료된 1980년 8월 7일까지 총 5만 2,000장의 사진을 찍어 화성지도를 작성하는 데 기여했고 착륙선은 1982년 11월 13일까지의 탐사 결과를 지구로 보낸 뒤, 통신이 두절됐다.

보이저Voyager 1, 2호

1970년대, 미국은 본격적으로 화성 바깥쪽, 목성과 토성, 천왕성 등 태양계 외곽의 행성 탐사에 나섰다. 1977년 9월 5일에 발사된 보이저 1호는 1979년 3월 5일, 목성 28만km 상공에서 찍은 사진들을 보내왔다. 1980년 11월 12일에는 토성을 통과하며 토성의 고리가 1,000개가량의 가는 고리들로 이뤄져 있다는 것과 토성의 위성 타이탄의 대기는 짙은 질소로 되어 있다는 사실 등을 알려왔다. 그러나 보이저 1호는 토성을 통과한 뒤 기체의 문제로 항로를 이탈, 현재까지 통신이 되지 않아 우주 미아가 된 것으로 추측된다.

보이저 1호에 앞서 1977년 8월 20일에 발사된 보이저 2호는 마찬가지로 1979년 7월, 목성을 통과하며 수만 장의 목성 근접 사진을 보내왔고 1981년 8월 26일에 토성을 지나쳐 1986년 1월 24일에는 천왕성에, 1989년 8월 24일에는 해왕성에 접근했다. 보이저 2호가 보내온 해왕성 탐사 자료에 따

르면 해왕성에는 거대한 폭풍이 끊임없이 일어나고 있다. 보이저 1, 2호 역시 파이오니어 10호와 마찬가지로 지구의 생물, 문화에 대한 정보를 담았는데, 이 정보들은 5억 년 동안 손상되지 않는다. 보이저호는 적어도 2017년까지는 전력을 생산할 수 있어서 그때까지는 보이저호가 내는 아주 미세한 신호를 지구에서 계속 잡아낼 수 있을 것으로 보인다.

보이저호
보이저호 역시, 처음부터 태양계를 벗어나는 것이 목적이었기 때문에 또 다른 문명이나 생명체를 만날 경우에 대비해 우주선에는 UN 사무총장과 미국 대통령의 메시지, 지구의 생물과 문화, 자연을 나타내는 녹음장치 등을 실었다.

마젤란 탐사선

1989년부터 1994년까지 활동한 미국의 금성 탐사

금성에 진입하는 마젤란 탐사선

선이다. 마젤란은 금성 상공에 접근한 뒤 레이더를 이용해 금성 표면의 지형을 관측하는 것이 임무였다. 1990년 8월 10일에 금성 궤도에 도착한 마젤란 탐사선은 지구와 금성 궤도 사이를 돌며 여섯 차례에 걸쳐 탐사를 실시, 금성 표면 99%의 지도를 작성했다. 마젤란호에 의해 금성에는 산악형 화산이 있다는 것 등이 밝혀졌으나 1994년 10월 12일, 금성의 대기에 휩쓸려 파괴되고 말았다.

갈릴레오 탐사선

1989년 10월 18일, 미국 NASA와 유럽 ESA(European Space Agency, 유럽 우주국)는 갈릴레오라는 이름의 목성 탐사선을 공동으로 발사했다. 17세기, 직접 제작한 망원경으로 목성을 관측, 목성에 위성이 여럿 있음을 발견한 갈릴레오 갈릴레이의 업적을 기념해 붙여진 이름이다. 갈릴레오 탐사선은 목성의 대기와 자기장, 위성을 탐사하기 위해 발사됐는데 목성 궤도에 진입하기 위해 지구와 달 사이 거리의 1만 1,000배에 달하는 48억km나 항해한 끝에 목적지에 도착했다.

목성에 진입하는 갈릴레오 탐사선

그 뒤 34회에 걸쳐 목성
궤도를 돌면서 1만 4,000
장에 달하는 목성 사진을
보내온 갈릴레오 탐사선
은 2003년 9월 21일 임무
를 마치고 목성 대기에 진
입하여 산화했다. 학자들
은 현재 갈릴레오의 탐사

울리시즈호

결과를 근거로 목성의 위성 중 하나인 유로파의 얼음
표면 아래 바다가 존재하며, 이 바다에 생명체가 존재
할 가능성이 있는 것으로 추정하고 있다.

율리시즈호

NASA와 ESA가 공동으로 쏘아 올린 태양 탐사선이
다. 율리시즈는 태양의 극 지역과 극 상공의 대기를 탐
사하기 위해 1990년 10월 6일 발사됐는데, 1994년 행
성 탐사 역사상 처음으로 태양 남극 지역을 통과하는
데 성공했고 1995년 2월에는 태양의 적도, 1995년 6
월에는 태양의 북극을 지나갔다. 율리시즈의 탐사 성
공으로 태양풍과 태양의 자기장에 대한 연구가 진일보
하게 됐다.

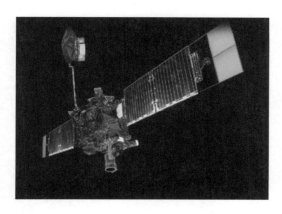

마스 서베이어호

마스 서베이어호Mars Surveyor

1996년 11월 7일에 발사된 마스 서베이어호는 1997년 화성 상공에 도착, 1999년 3월에는 본격적으로 화성의 표면을 탐색하기 시작했다. 현재까지 화성 궤도를 돌며 탐사를 계속하고 있는 마스 서베이어호는 화성의 생명체 존재 가능성을 두고 많은 학자들이 가장 주목하고 있는 탐사선 중의 하나다. 그러나 마스 서베이어호의 탐사 결과를 분석한 NASA는 화성에서 생명체를 지원할 수 있는 탄산염을 발견하는 데 실패했으며, 화성의 생명체 존재 가능성에 대해서도 비관적인 전망을 내놓기도 했다.

스피릿호와 오퍼튜니티호Spirit & Oportunity

2003년 6월과 7월, NASA에서는 화성 탐사를 위한 쌍둥이 탐사선을 발사했다.

스피릿과 오퍼튜니티라고 명명된 두 탐사선은 발사로부터 약 6개월 만인 2004년 1월 4일과 25일 각각의 목표 지점에 정확히 안착, 새해 지구촌에 가장 큰 화제가 되었다. NASA는 두 탐사선의 착륙 성공을 두고 미국 서부의 LA에서 날린 골프공이 동부 뉴욕의 홀 안으로 빨려 들어간 것이나 다름없는 정확도라며 우쭐하기도 했다. 탐사선들은 화성의 정반대 지점인 구세브 분화구와 메리디아니 고원 두 곳에 각각 착륙해 1997년 화성 탐사 로봇 소저너가 화성의 영상을 보내온 뒤 7년 만에 다시 컬러와 흑백으로 된 화성 관측 영상을 보내왔으며 향후 90일 동안 화성의 지질 조사를 통해 화성에서 물의 흔적을 찾아냈다.

이 외에도 구소련은 1984년에 2기의 베가 탐사선을 발사, 금성의 기후와 토양을 분석했다.

일본도 우주 탐사에 성공했는데 1985년 1월과 8월에 발사된 사키가케호, 스이세이호가 일본 최초의 탐사선들이다. 사키가케호는 태양과 행성 사이를 비행하면서 태양풍을 조사했고 스이세이호는 핼리혜성에 가까이 다가가 혜성에 대한 태양풍의 영향과 혜성의 먼지, 가스 구름 등을 조사했다.

1997년 10월 15일 미국 케이프 캐너배럴에 있는 케

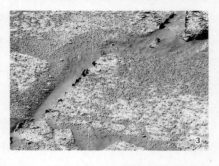

1. 오퍼튜니티의 발사 장면
2. 화성에 도착한 스피릿호
3. 오퍼튜니티가 촬영한 화성 표면 사진
강의 흔적처럼 보이는 길 양옆으로 늘어선 작은 돌들은 물에 의한 침식작용으로 형성된 것으로 추정되고 있다.

네디 우주센터에서는 토성 탐사를 위한 카시니호가 발사됐다. 토성이 워낙 멀리 떨어져 있어 태양 에너지를 사용할 수 없다는 점 때문에 카시니호는 27kg의 플루토늄을 싣고 출발했다. 2004년 7월 카시니호는 토성의 대기에서 번개를 관측했다. 과학자들은 번개 관측을 통해 토성의 대기와 바람의 속도에 대해 알 수 있을 것으로 기대하고 있다. 카시니호는 2004년 10월 26일에는 태양계에서 유일하게 대기가 있는 위성, 타이탄에 호이겐스 탐사선을 떨어뜨려 대기를 분석할 예정이다.

또한 혜성 탐사를 위해 태양계를 항해하고 있는 탐사선들도 있다. 그중 스타 더스트호는 2004년 1월에 혜성 와일드 2호를 스쳐 지나가며 혜성의 생생한 이미지를 카메라로 포착했다. 딥 임팩트호는 2005년 혜성 템펠 1호에 접근, 혜성 먼지를 수집하거나 혜성에 구리 포탄을 발사해 그 반응을 살펴보는 등의 활동을 벌일 예정이다.

정리해보면, 파이오니어 10호와 보이저 2호가 태양

왼쪽: 카시니호
오른쪽: 2004년 7월 공개된 카시니가 보내온 토성의 고리 사진
토성의 고리는 안쪽에서부터 D, C, B, A 그리고 F, G, E로 구분되는데 이 사진은 A고리의 끝부분까지를 찍은 것이다.
이 사진은 토성 고리의 바깥 부분에 얼음이 있다는 증거라고 이번 우주계획에 참여한 콜로라도 대학교의 과학자들이 밝혔다. 붉은색 부분은 '먼지' 분자로, 청록색 부분은 '얼음' 으로 된 고리이다.

C고리   B고리   카시니간극· A고리

계를 벗어나 계속 항해 중이고 나머지 탐사선들은 태양계 안쪽의 행성들을 각각 조사했으며 태양계의 생성 과정, 생명체 유무 등을 밝히기 위해 행성 탐사 계획을 계속할 예정이다. 이 모든 것이 1957년, 인류 최초의 인공위성을 띄운 지 불과 반세기 만에 이룩한 성과들이다.

사람이 저 하늘에 떠 있는 달까지 날아가 그 표면을 걸어 다니는 장면을 담은 1969년의 흑백 영상은 인류가 우주를 향해 나아가고 있다는 것을 보여주는 대표적인 예라 할 수 있다. 그러나 한번 뒤집어 생각해보자. 전 우주는커녕 은하계만 비교해도 태양계의 범위는 지구 안에서 내가 잠자는 방 하나의 크기밖에 되지 않는다. 그런데 이 방 안에 어떤 물건들이 있고 또 그 물건들은 어떻게 해서 생겨났는지를 알아내는 데, 즉 태양계의 지도를 그려내는 데도 50여 년이 지난 지금까지 결론을 맺지 못하고 있다. 파이오니어 10호, 보이저 2호 등은 사람을 태우지 않고 비교적 빠른 속도로 태양계의 끝을 향해 나아가는 데만 해도 이미 25~30년을 소비했다. 지구가 속한 가장 작은 우주, 태양계만 해도 얼마나 어마어마한 크기인지 알 수 있는 대목이다.

태양계의 끝은 과연 어디인가

태양으로부터 가장 멀리 떨어진 마지막 행성은 지금까지 명왕성으로 알려져 있다. 물론, 명왕성이 독자적인 행성인지, 카이퍼 띠의 영향을 더 크게 받는 소행성들 중 하나인지는 천문학계에서도 아직까지 의견이 분분하다. 그 논쟁을 뒤로하고라도 어쨌든 카이퍼 띠나 오르트 구름의 존재로 봤을 때, 태양의 중력에 묶여 있는 '태양계'는 적어도 1만AU에서 10만AU의 반경을 지니는 것으로 짐작할 수 있다. 그러나 실제 현대 과학자들은 태양계의 범위는 이보다 더 클 것으로 예상한다.

현재까지 태양계로부터 가장 바깥쪽까지 나아간 탐사선은 1972년에 발사된 파이오니어 10호와 1977년에 발사된 보이저 2호다. 파이오니어 10호는 공식적인 임무를 마친 뒤에도 2002년 4월까지도 원격 계측 자료를 보내왔으며 아주 간헐적으로 통신도 이루어졌다. NASA가 공식적으로 '마지막 통신'을 확인한 것은 2003년 3월, 파이오니어 10호의 31주년 탐사를 기념한 뒤 며칠 안 되어서였다. 이때 파이오니어의 위치는 지구로부터 122억km가량 떨어져 있었다.

JPL
NASA 산하 연구기관. 태양계 행성들의 대기, 지질, 해양을 탐사하기 위한 태양계 무인탐사가 주축이고 포괄적으로 별, 은하, 우주에 관한 천문학 연구를 담당하는 NASA 최고의 두뇌 집단. 1958년 NASA가 본격적으로 연구 능력을 확충하면서 CALTECH(칼텍, 캘리포니아 공대)의 연구소를 흡수해 발전시켰다. 소유는 NASA가, 운영은 CALTECH이 맡는 형식이다. 1990년대 물과 생명체의 흔적을 찾기 위해 화성에 글로벌 서베이어, 패스파인더, 기후탐사선, 극지탐사선을 잇달아 발사했던 JPL은 2003년엔 화성 암석 조각을 지구로 이송하는 화성 익스플로레이션 로우버스인 스피릿과 오퍼튜니티를 발사했고, 2005년에는 더 정교한 탐사선을 발사할 예정이다.

또한 제트추진연구소(이하 JPL) 행성 탐사선 담당자의 이야기에 따르면 보이저 2호는 "현재 명왕성을 지나 태양으로부터 128억km 떨어진 곳을 비행하고 있으며 하루 160만km의 속도로 날아가고 있다"고 한다. 그러나 보이저 2호는 여전히 태양 중력의 영향을 받고 있다. 128억km는 우리가 상상하기 힘들 정도로 먼 거리이다. 이는 지구 둘레의 32만 배, 태양과 지구 사이의 거리(=1AU)의 85.3배에 달하는 거리다. 참고로, 태양에서 명왕성까지의 거리는 약 40AU가 된다.

자, 이 어마어마하게 큰 태양계 안에 행성들의 분포를 한눈에 알아볼 수 있는 방법이 있다.

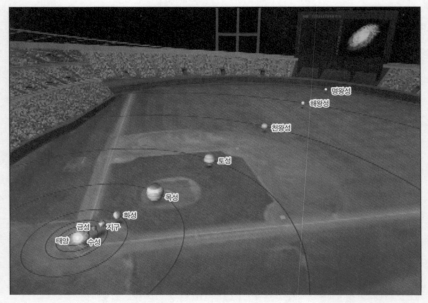

명왕성
해왕성
천왕성
토성
목성
화성
금성 지구
태양 수성

야구장 그림으로 본 태양계 9개 행성 간의 거리

태양계의 9개 행성들을 야구장 안에 밀어 넣어보자. 그러려면 태양과 9개 행성들까지의 거리를 515억 5,200만 분의 1로 축소해야 한다.

홈 플레이트 중앙에 태양 위치를 잡으면 수성과 금성, 지구, 화성은 그 주변에 몰려 있다. 타석을 벗어나지 않는다는 얘기다. 목성과 토성은 뚝 떨어져 있다. 그래도 홈 플레이트로부터 38.8m 떨어진 2루 내야선을 벗어나지 못한다. 천왕성까지는 더욱 멀어져서 통상 90m가 넘는 외야 끝에서야 볼 수 있다.

이 축소비율 안에서 태양에서 가장 가까운 별(센타우루스자리의 프록시마)은 78km를 달려야 만날 수 있다.

또 다른 예를 들어보자. 나는 지금 오렌지 하나를 손에 쥐고 있다. 이 '오렌지'를 태양이라고 치면 이 오렌지로부터 약 10m 거리에 떨어져 있는 서너 개의 '모래알'이 바로 수성, 금성, 지구, 화성이다. 지금 서 있는 곳에 오렌지를 내려놓고 지구, 화성을 지나 한 블록쯤 걸어가 보자. 땅에 '콩'이 하나 떨어져 있다. 그 콩이 아주 얇고 타원형으로 생긴 반지 안에 들어 있다고 상상해보자. 이것이 토성이다.

다음부터는 잠시 여행의 목적을 잊고 10블록쯤 계속 걸어간다. 그곳에는 또 1개의 '모래알'이 있다. 바로 명왕성이다. 오렌지만 한 태양으로부터 11블록하고도 10m를 더 가야 태양계의 마지막 행성을 만나게 되는 것이다.

우리가 발 딛고 있는 지구는 이 태양계 안의 아주 작은 모래알, 아니 한 점에 불과하다. 어떤 과학자는 태양계 안에 있는 행성들의 밀도를 태평양에 떠 있는 축구공 10개에 비교하기도 한다. 태양계의 전체 범위에 비하면 9개 행성들은 망망대해 태평양에 점점이 떠 있는 축구공 신세나 다름없다는 것이다.

각국의 우주기지와 우주정거장

당연한 얘기지만, 탐사선 등 우주선을 띄우려면 우주기지가 필요하다. 이 우주기지는 어디에 있을까? 우리나라는 2005년 완공을 목표로 전남 고흥 앞바다의 외나로도에 우주기지를 건설 중이다. 2005년이면 우리나라도 세계 열세 번째로 발사장을 가진 나라가 되는 것이다. 한국과학기술부와 항공우주연구원은 2005년 말, 이곳에서 과학기술위성 2호를 국산 위성발사체 ‘KSLV-I’에 실어 보낼 계획이다. 그전까지는 위성을 하나 띄우려고 해도 비싼 비용을 물고 남의 나라 기지를 사용해야 했다. 2003년에 한국 최초로 발사 및 교신에 성공해 본격적인 활동에 들어간 과학기술위성 1호도 러시아의 플레세츠크 기지를 빌려 발사됐다.

우리에게 가장 친숙한 기지는 미국 플로리다 주에 있는 케네디 우주기지이다. 그도 그럴 것이 미국이 우주선을 발사할 때마다 전 세계로 생중계된 곳이기 때문이다. 이곳은 관광코스로도 개발돼 우주여행을 가상체험할 수 있고, 아이맥스 영화관에서는 우주선 발사 장면을 실감나게 구경할 수도 있다.

이 외에도 미국 버지니아 주의 왈럽스 섬, 러시아 볼고그라드의 카푸스틴 야르, 중국 내몽골의 주취안(2003년 10월, 중국의 첫 유인 우주선 발사)에 우주기지가 있고, 아프리카 케냐 연안에 있는 이탈리아 산마르코 기지, 오스트레일리아 남부의 우메라, 일본 가고시마 현의 가고시마 우주기지, 이스라엘 네게브 사막의 팔마침, 브라질 북부의 알칸타라 등 세계 각국에 약 20여 개의 우주기지가 있다.

또한 우주 상공의 지구 궤도에는 장기간 우주비행사가 체류하면서 우주 관측과 각종 실험을 할 수 있는 우주정거장도 있다. 지금까지 우주정거장을 소유했던 나라는 구소련과 미국이 유일한데 그중 먼저 우주정거장을 세운 나라는 역시 세계 최초로 인공위성과 우주선을 발사했던 구소련이다. 살류트 시리즈가 그것이다.

현재는 세계 16개국의 과학과 기술 자원을 바탕으로 국제우주정거장이 건설되고 있다. 이것은 2005년도에 완성되며 무게가 460톤, 본체의 길이만도 100m가 넘는다. 이 우주정거장은 지구에서는 수행할 수 없는 과학적인 연구를 수행할 세계적인 우주 실험실로 점보 747기의 승객용 공간과 맞먹는 실험 공간을 보유하게 된다. 또한 장기적으로는 우주선 제조공장과 우주선 발사기지로도 이용될 계획이다. 우리나라의 항공우주연구소도 이 국제우주정거장의 건설에 참여하여 우주선 검출기인 악세스ACCESS를 싣게 될 모듈의 설계와 제작을 맡았다. 무게 5톤의 이 모듈은 소형버스만 하며 2007년에 우주정거장에 덧붙일 예정이다.

과학기술위성 1호

한국 최초로 우주, 천문 연구를 위해 발사한 인공위성으로 한국과학기술원 인공위성연구센터가 4년 동안 116억 원을 들여 자체 설계로 독자 개발한 것이다. 2003년 9월 27일 오후 3시 11분(한국 시간) 러시아 플레세츠크 우주센터에서 러시아의 'COSMOS-3M' 로켓에 실려 발사됐다. 과학기술위성 1호는 세계 최초로 원자외선 영역의 '전천지도全天地圖'를 작성하고, 은하 내부에 산재한 고온 가스체의 분포 및 물리적 성질을 규명해 은하 생성과 진화의 신비를 밝히며, 지구 주변 에너지 입자들의 분포를 측정해 극지방에서 발생하는 오로라의 생성 과정 등을 규명하는 임무를 띠고 있다.

인공위성연구센터는 홈페이지(http://satrec.kaist.ac.kr)를 통해 교신 이후의 상황을 공개한다.

과학기술위성 1호

케네디 우주기지Kennedy Space Center

미국 플로리다 주 케이프 커내버럴 메릿 섬 Merritt Island에 있는 로켓 발사를 위한 지상기지. NASA가 총 공사비 10억 달러를 들여 1961년부터 1966년에 걸쳐 완성했고, 총 면적은 356km²에 이른다.

우주기지는 공장기지와 발사기지로 나뉘는데 메릿 섬의 중앙에 위치한 공장기지에는 기지 본부와 아폴로 우주선 조립검사공장, 기계공장, 우주비행사 거주 구역과 병원 등 편의시설이 있다.

발사기지는 공장기지로부터 10km 정도 떨어져 있는데 이곳에는 로켓 수직조립공장, 비행 관제 센터, 발사대 등이 있다. 발사대는 동시에 두 개의 거대한 로켓을 쏘아 올릴 수 있는 규모다.

케네디 우주기지

바이코누르 우주기지

타이위안 우주기지

서장기지

반덴버그 공군기지

기아나 우주기지

다네가시마 우주기지

플레세츠크 우주기지

살류트Salute 시리즈

1971년부터 1982년까지 실시된 세계 최초의 우주정거장 계획. 크기는 이동주택 정도. 구소련은 총 7기의 살류트 우주정거장을 세웠는데 경험이 축적될수록 우주비행사들의 체류 기간이 늘어 최초 몇 주에서 6개월까지 연장됐다. 1971년 4월 19일, 살류트 1호가 발사되고 나흘 뒤에는 소유스 10호가 발사돼 5시간 30분간에 걸쳐 도킹에 성공했다. 6월 6일에는 소유스 11호가 도킹해 승무원 3명이 살류트에 옮겨 탔고 이 우주정거장에 23일간 머물며 궤도 비행을 계속했다. 인간이 우주 공간에 적응해 장시간 머무를 수 있다는 것을 보여준 것이다. 그러나 이들 승무원들은 귀환 도중 사고로 사망했

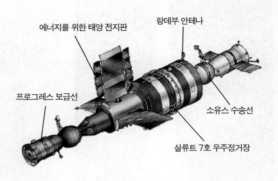

에너지를 위한 태양 전지판 랑데부 안테나

프로그레스 보급선

소유스 수송선

살류트 7호 우주정거장

살류트 7호

1982년 4월에 발사, 1986년 지구와 통신이 두절됐다. 10명의 우주비행사들이 4년 동안 이곳에 머무르며 심장 혈관계에 대한 무중력 상태의 영향을 연구했고, 한 차례의 우주유영을 통해 우주정거장을 수리하기도 했다.

스카이랩Skylab

1973년 5월 14일 발사된 미국 최초의 우주정거장. 발사 몇 분 후 공기압의 영향으로 차폐막과 태양전지판 하나가 뜯겨나갔지만 이후 수리됐다. 1974년 세 팀의 승무원들이 각각 28일, 59일, 84일 동안 우주정거장에 체류했다.

고 우주정거장 살류트 1호는 1971년 10월 11일 소멸했다. 살류트 6, 7호에는 여분의 도킹 포트가 있어 다른 우주비행사들이 우주정거장에 체류하는 승무원들을 방문하거나 지구로부터 별도의 보급품을 가져다줄 수도 있게 되었다.

미르Mir

소련에서 띄운 길이 45m, 너비 29m, 무게 137톤의 거대한 우주정거장. 우주정거장의 조종 영역과 생활 영역을 포함하는 미르의 주 모듈은 1986년에 발사됐고 이후 1987년부터 1995년까지 네 차례에 걸쳐 실험과 관측을 위한 새로운 모듈이 도킹됐다. 미르 정거장은 2001년 3월 태평양에 폐기됐다.

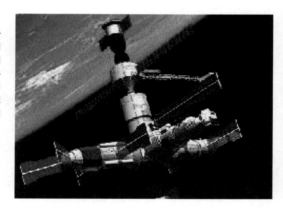

러시아의 모듈

미국의
주거 모듈

소유스 수송선

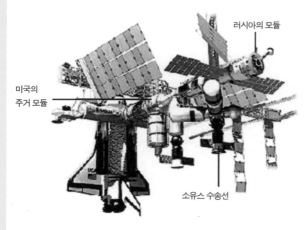

초대형 우주정거장 프리덤Freedom

미국, 러시아, 캐나다, 일본, 유럽이 공동 참여한 차세대 국제 우주정거장 계획. 프리덤은 러시아에서 만든 조종센터를 시작으로 우주왕복선에 각각의 구성요소들을 실어 우주 공간에서 5년간에 걸쳐 조립할 예정이다. 그림은 정거장 오른쪽 부분에 러시아의 모듈을 장착하고 왼쪽 중간 부분에 미국의 주거 모듈을 장착하고 뒤편에 우주왕복선을 도킹시킨 상상도. 1997년에 시작된 이 계획은 완성된 이후 30년간의 장기적인 우주체류와 우주정거장에서의 화성탐사선 조립, 발사, 화성기지 건설의 전초기지 활용 등을 목표로 하고 있다.

천문학의 발달과 함께
점점 더 커지는 우주

앞에서 태양계 탐사의 역사와 함께 태양계의 크기를 알아봤다. 그런데 태양계가 이렇게 드넓은 구역에 오렌지 하나, 콩알 하나, 모래알들이 몇 개 더 흩어져 있는 정도라면, 나머지 공간은 무엇으로 채워져 있으며 하늘에 보이는 나머지 별들은 어디에 있는 것일까?

우주 공간은 대부분 텅 비어 있다. 물론 아무것도 없다는 의미의 텅 빈 공간은 아니고 눈에 띌 만한 천체가 드물다는 얘기다. 인간의 눈에는 암흑과 진공 상태로 보이긴 해도 실은 우주 공간에는 가스나 먼지, 우리 눈에 보이지 않는 여러 종류의 입자들이 흩어져 있다.

그렇다면 밤하늘에 반짝이는 수많은 별들은 무엇인가. 우리가 밤하늘에서 볼 수 있는 것은 크게 별과 1,000억 개가 넘는 별들이 모여서 이루어진 은하, 그리고 성운으로 나눌 수 있다. 그러나 지구 대기의 간섭으로 맨눈으로 볼 수 있는 은하는 남반구에서만 보이는 대마젤란은하와 소마젤란은하밖에 없고 나머지는 모두 망원경을 통해서만 볼 수 있다. 이 은하들이 하나의 별처럼 보이는 이유는 그것들이 우리로부터 매우 멀리 떨

별
수소와 헬륨의 핵융합 반응으로 스스로 빛을 내는 천체. 항성이라고도 한다. 이 외에 빛이 나는 것처럼 보이는 행성이나 위성들은 스스로 빛을 내는 게 아니라 별의 빛이 반사돼서 밝게 보이는 것이다. 혜성이나 유성들은 지구의 대기에 가깝게 지나면서 스스로 연소, 빛을 내기도 한다. 태양계의 별은 태양뿐이다.

은하
별들이 수천억 개씩 모여 있는 집단. 아주 넓은 범위에서 보면 은하들도 집단을 이루고 있어 은하단, 초은하단의 단위로 묶이기도 한다. 우주에는 이러한 은하가 약 1,250억 개 정도 있는 것으로 추산되지만, 관측 방법에 따라 수치가 약간씩 다르기 때문에 약 1,000억 개 이상으로 보는 것이 타당하다.

어져 있기 때문이다.

은하가 수많은 별들로 이루어져 있다는 것을 처음으로 관측한 이는 이탈리아의 천문학자 갈릴레오 갈릴레이다. 그러나 갈릴레이가 관측한 것은 은하수, 즉 태양계를 포함한 우리은하계였다. 1920년대까지만 해도 은하라는 이름을 가진 것은 우리은하뿐이었다. 우리은하 외에 또 다른 은하, 즉 외부은하들이 있다는 것을 알아낸 이는 미국의 천문학자 에드윈 허블이다.

별과 별 사이에 존재하는 물질, 성운

성운은 가스와 먼지 등으로 이루어진 성간물질로, 빛을 내는 방법과 형태에 따라 그 종류를 나눈다. 먼저 빛을 내는 방법에 따라 발광성운, 반사성운, 암흑성운으로 나눈다. 발광성운은 말 그대로 스스로 빛을 내는 성운이다. 가스 물질로 된 성운 안이나 근처에 아주 고온의 별이 있어서 그 별로부터 복사되는 자외선에 의해 가스 물질 중 수소가스가 들떠 빛을 내는 것이다.

빛을 내는 방법에 따른 성운의 분류
1. 발광성운 오리온대성운
2. 반사성운 플레이아데스성단 주변의 성운
3. 암흑성운 오리온자리 말머리 성운

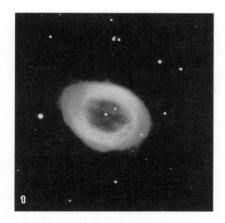

반사성운은 성운 가까이에 있는 별의 온도가 그리 높지 않아서 수소가스를 들뜨게 하지는 못하고 단지 성운이 별의 빛을 반사시키는 정도이다. 암흑성운은 주로 먼지로 이루어져 있어 성운 뒤에서 오는 빛을 흡수 또는 산란시켜 별빛이나 은하의 빛을 완전히 가려서 검게 보이는 경우다.

성운의 종류를 구분하는 두 번째 방법은 형태에 의한 것이다. 먼저 행성상성운이 있다. 이는 성운이 퍼져 있는 모양이 마치 행성처럼 둥글다고 해서 붙여진 이름이다. 그러나 그저 행성처럼 보이는 것은 성능이 별로 좋지 않은 망원경으로 봤을 때 그렇다는 것이다. 좀 더 자세히 들여다보면, 둥그렇게 퍼져 있는 성운들 한가운데에는 어슴푸레 빛나는 고온의 중심별이 있다. 즉, 고온의 중심별

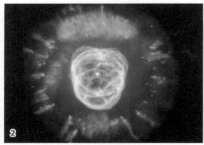

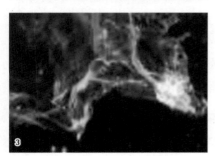

형태에 따른 성운의 분류
1. 행성상성운
2. 초신성의 잔해
3. 산광성운

주변에 성운이 에워싸고 있는 형태다. 이것은 별이 일생을 마치려고 할 즈음 별의 외곽 부분이 떨어져 나가면서 성운을 이룬 것으로 파악된다.

성운의 두 번째 형태는 초신성의 잔해이다. 일정 질량 이상의 별은 죽기 전에 거대한 폭발을 일으키는데, 그 잔해가 우주 공간으로 퍼져나간다. 이 경우에는 성운이 안쪽부터 바깥쪽으로 점점 퍼져나가며 그 범위는 행성상 성운보다 훨씬 넓다.

성운의 세 번째 종류인 산광성운은 별의 폭발이나 다른 영향 없이 애초 부터 성간 가스와 먼지 등으로 이뤄진 것으로, 모양이 불규칙하다.

천체 간의 거리 측정

윌리엄 프리드리히 허셜Frederick William Herschel과 캐럴라인 루크레시아 허셜Caroline Lucretia Herschel 남매는 1786년, 1789년, 1802년 세 차례에 걸 쳐 맨눈으로 봐도 별과 구분이 되는 천체를 집중적으로 관측해서 약 2,500 개의 성단·성운 목록을 작성했다. 이 결과는 오빠인 F. W. 허셜이 죽고 난 뒤 동생 C. L. 허셜이 정리해 발표했다.

문제는 이것이 우리은하 안쪽에 있는 것인가, 아니면 바깥쪽에 있는 것 인가 하는 것이었다. 허셜 남매의 성운 목록이 발표된 이후, 천문학자들은 이 성운들까지의 정확한 거리를 측정할 방법을 연구하기 시작했다.

아주 멀리 떨어진 별까지의 거리를 측정하는 데 최초로 성공한 해는 1838년이었다. 독일의 천문학자 프리드리히 윌리엄 베셀Friedrich Wilhelm Bessel이 연주시차를 통해 별까지의 거리를 측정한 것이다. 연주시차란 지구 가 공전운동을 함으로써 생겨나는 일종의 착시 현상으로, 지구가 태양을 기 준으로 정반대편으로 갔을 때 그 별의 위치가 먼 별을 배경으로 마치 자리 를 이동한 것처럼 보인다. 이때 벌어지는 각의 절반(P″)을 연주시차라고 하

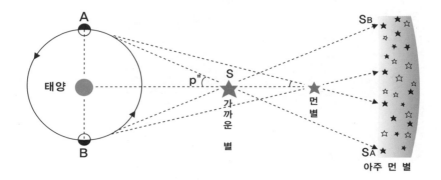

연주시차는 지구 공전의 매우 중요한 증거가 되고 별까지의 거리를 나타내는 단위가 된다. 연주시차가 1초인 별까지의 거리를 1파섹(pc)이라고 한다.

광년(LY)
1광년은 1초 동안 30만km를 이동하는 빛의 속도로 1년 동안 달린 거리.
1LY=9.46×10¹²km=약 9.5조km=약 6만 3,200AU
태양에서 지구까지는 빛의 속도로 8분, 태양계의 마지막 행성 명왕성까지는 약 320분(=5시간 20분)이 걸린다.

는데 별이 지구로부터 멀수록 연주시차는 작아지고, 별이 가까울수록 연주시차는 커진다.

베셀은 1년을 꼬박 관측해서 백조자리 61번 별의 연주시차가 0.31초, 따라서 별까지의 거리는 11.2광년이라는 것을 알아냈다. 백조자리 61은 우리은하 안에 있는 별로, 지구에서 12번째로 가까운 곳에 있다.

그러나 별이 멀리 떨어져 있을수록 연주시차는 작아지기 때문에 아주 먼 곳에 있는 별이나 천체의 거리를 구하는 데는 한계가 있다. 연주시차를 이용한 거리 측정은 인공위성을 동원해서 알아낼 수 있는 것도 기껏해야 1,000광년 내외로 허셜 남매가 정리한 성운까지의 거리를 구하는 데는 무용지물이었다.

베셀 이후에 별까지의 거리 측정에 새로운 돌파구를 마련한 사람은 1900년대 초 하버드 대학교 천문대에서 일하던 헨리에타 스완 리비트Henrietta Swan Leavitt다. 그

소마젤란성운
지금으로부터 2만 광년 떨어져
있으며 다수의 세페이드 변광
성을 포함하고 있다.

녀는 소마젤란성운이라 불리는 항성계 속의 25개의 세
페이드 변광성을 조사하던 중 밝기(겉보기 밝기)가 밝은
별일수록 변광 주기가 길다는 것을 알아냈다. 즉, 밝기
에 따라 변광 주기가 비례한다는 것이다. 리비트는 이후
2,400개 이상의 변광성을 관측하고, 변광성 표를 작성
했다.

베셀의 연주시차와 리비트의 변광성 표에 의해 좀
더 먼 데 있는 천체까지의 정확한 거리를 구할 수 있게
되었다.

미국의 천문학자인 할로우 새플리Harlow Shapley는
베셀의 연주시차와 리비트의 변광성 표를 이용해서 우
리은하 내에 있는 세페이드 변광성들의 절대 밝기와
변광 주기의 관계를 결정했다. 이제 세페이드 변광성

셰페이드 변광성
천체들 사이의 거리를 재는 데
기준이 되는 별로 우주의 등대
라고도 불린다. 변광성은 주기
에 따라 밝기가 변하는데, 이 주
기로 천체가 가진 실제 밝기를
알 수 있다. 변광성이 밝아질 때
는 갑자기 밝아져서 성운이나
성단, 은하 속에 파묻혀 있던 별
이 갑자기 두드러져 보인다. 이
별의 변광 주기를 알면 별이 속
한 성운이나 성단, 은하까지의
거리를 알 수 있다. 변광성의 밝
기가 변하는 첫 번째 이유는 별
의 내부 구조가 불안정해서 수
축과 팽창을 반복하기 때문이
다. 그리고 또 한 가지 이유는 두
개의 동반성이 서로를 가리기
때문인데 이것을 식 변광성이라
부른다. 또한 변광성은 주기에
따라서도 두 가지로 분류되는데
단주기의 경우 1일 미만에서
100일, 장주기의 경우 100일
에서 1,000일까지 걸린다.

의 주기를 알면 섀플리의 정리에 따라 절대 밝기를 알
수 있고, 절대 밝기와 겉보기 밝기를 비교하면 거리를
알 수 있게 됐다.

그러나 베셀, 리비트, 섀플리의 혁혁한 연구업적에
도 불구하고 당시로서는 아주 먼 천체까지의 정확한
거리를 구하는 데는 문제가 있었다. 아주 먼 곳에 있는
은하는 은하 전체가 하나의 별처럼 보이기 때문에 이
런 은하에 있는 변광성의 주기를 관측하는 것이 불가
능했기 때문이다.

어찌 됐든 1920년대에는 좀 더 본격적으로 은하의
크기에 대한 논쟁이 벌어진다.

천문학 사상 '지동설'에 버금가는 대 논쟁으로 불리
는 이 대립은 허버 커티스와 할로우 섀플리에 의해 대

변됐다. 섀플리는 모든 성운들이 우리은하 안에 있다는 '거대 은하론'을 주장했고 릭 천문대의 허버 커티스는 하늘의 성운들은 대개 우리은하계 밖에 있는 것이라는 '섬 우주론'을 주장했다. 그리고 두 사람의 이론은 1920년 4월, 미국에서 열린 국립과학아카데미에서 처음 격돌했다.

20세기 우주론의 대전환, 허블의 발견

'거대 은하론'과 '섬 우주론'의 진실은 우리은하의 크기가 얼마나 되는가 하는 것과 안드로메다성운 등 특정 천체까지의 거리가 얼마나 되는가 하는 것에 달려 있었다. 만약 우리은하의 지름이 5만 광년쯤 되고 안드로메다성운까지의 거리가 10만 광년이라면, 당연히 안드로메다성운은 우리은하 밖에 있는 것이고, 우리은하의 지름이 30만 광년이고, 안드로메다성운까지의 거리가 12만 광년이라면 당연히 우리은하 안에 안드로메다성운이 있는 것이다. 참고로, 당시 천문학계에서 통용되던 우리은하 크기의 추정치는 2~3만 광년이었다.

안드로메다성운이 정말 가까운 곳에 있는 것이라면 몇 개의 별을 포함한, 그러나 대부분은 빛을 내는 가스구름인 성운으로 볼 수 있을 것이다. 반대로 아주 먼 곳에 있는 것이라면 그것은 성운이 아니라 굉장히 밝은 별들이 수십억 개 이상 모여 있는 또 다른 은하라는 얘기가 된다.

당시로서는 안드로메다성운이 우리은하 안에 있느냐, 밖에 있느냐에 따라 우주에 대한 개념이 달라지는 만큼 이 논쟁은 주목받을 수밖에 없었다. 즉, 우주가 우리은하만으로 충만해 있는지 아니면 우리은하는 우주에 있는 수많은 은하들 중에 하나일 뿐인지가 결정되는 것이다.

사실, 안드로메다성운이란 명칭에도 불분명한 점이 있었다. 당시의 관측 기술로는 안드로메다 별자리에 있는 희뿌연 성운은 별처럼 크게 빛나는 게 아니라 흐릿하면서도 거대한 타원형을 띤 천체로 보였다. 일부

M31로도 알려진 안드로메다은하
우리은하와 가장 가까운 곳에 있으며, 규모가 큰 나선은하다.

천문학자들은 이것이 토성처럼 고리가 있는 천체, 혹은 태양계처럼 회전하며 지금 막 별과 행성을 만들어 내고 있는 것이 아닐까 상상하기도 했다.

전 우주의 크기와 직결되는 이 '거대 은하론' 대 '섬 우주론' 논쟁에 종지부를 찍은 이가 바로 에드윈 허블이다. 그는 1923년에 발표한 논문에서 다소 부정확하게나마 우리은하의 크기와 안드로메다은하까지의 거리를 밝혀냈다.

에드윈 허블은 안드로메다자리의 M31성운, 즉 안드로메다대성운 내에서 세페이드 변광성을 찾아내 1919년부터 1923년까지 꾸준히 관측한 결과, 이 성운까지의 거리가 적어도 100만 광년이 넘는다는 사실을—당시의 관측 기술로 그렇다는 것이다—알아냈다. 또한 우리은하의 지름은 약 5만 광년 되는 것으로 나타났다. 새플리가 주장한 것처럼 우리은하계의 크기를 32만 5,000광년으로 계산해도 안드로메다대성운은 그보다 훨씬 먼 거리에 있다는 얘기가 된다.

따라서 안드로메다대성운은 안드로메다은하로 이름이 바뀌었고, 이후 망원경 기술과 세페이드 변

에드윈 허블Edwin Hubble
1889년부터 1953년까지 살다 간 미국의 천문학자. 훤칠하게 키가 크고 담배 파이프를 물고 있는 모습이 천문학자라기보다는 철학자처럼 보였다고 한다. 시카고 대학교를 거쳐 영국 옥스퍼드 대학교에서 법학을 공부한 허블은 처음에는 변호사로 일했으나, 천문학에 흥미를 느껴 시카고 대학교에서 천문학 박사과정을 새로 시작했다. 1917년에 「희미한 성운의 사진 조사」라는 논문으로 박사학위를 받았고, 1919년에 윌슨 산 천문대에 들어가 당시로서는 세계 최대의 망원경이었던 직경 2.5m의 후커 망원경으로 관측을 시작했다.

광성 분석방법이 정교해지면서 안드로메다은하까지의 거리는 230만 광년이나 되는 것으로 확인됐다. 그렇다면 이 우주의 크기는 아무리 작게 잡아도 230만 광년이 넘는다는 것이다. 우주에서 빛보다 빠른 것은 없다. 빛의 속도, 즉 우주에서 이동할 수 있는 최고 속도로 이동해도 꼬박 230만 년을 달려야 안드로메다은하를 만날 수 있으며 그 은하 너머에 또 다른 은하가 없으리라는 법도 없다.

에드윈 허블의 발견은 20세기의 우주론에 있어 코페르니쿠스적인 전환을 이뤄냈다. 우리은하 밖에도 우주는 계속되며, 그 우주가 얼마나 큰지 알기 위해서는 더욱더 큰 상상력을 필요로 하게 되었다.

'셀 수 없을 만큼' 많은 은하

결론부터 이야기하면, 우주는 약 1,000억 개가 넘는 은하로 이루어져 있다. 천문학자들이 이 은하의 수를 일일이 다 세어봤을까. 대답은 물론 '아니다!' 이다. 인간의 눈 혹은 인간이 발명해낸 망원경 기술을 모두 동원해도 전 우주를 관측한다는 건 아직까지 불가능하다. 우리는 단지 하늘의 어느 한 부분을 보고 그 안에 은하들이 비교적 고르게 분포한 것으로 미루어 전 우주에 속한 은하의 숫자를 추측한 것일 뿐이다. 이것도 불과 10여 년 전, 우주 상공에 망원경을 띄워 새롭게 알아낸 사실이다. 기나긴 천문학 역사에 비추어볼 때 아직도 따끈따끈한 새로운 정보라고 해도 과언이 아닐 것이다.

앞에서 살펴봤듯이 은하는 평균 1,000억 개의 별을 가지고 있으며, 은하들 사이의 거리는 수백만 광년씩 떨어져 있다. 사실 1,000억이란 숫자는 일상생활에서 잘 와 닿는 숫자가 아니다. 그만큼의 돈을 쥐어볼 기회도 없고,

지구의 인구도 그 정도는 되지 않는다. 지구의 역사도 불과 46억 년밖에(!) 되지 않았다. 그러니 1,000억이라는 숫자의 규모는 워낙 어마어마해서 은하의 개수가 1,000억이든 1,300억이든 우주의 크기를 가늠하는 데는 별 차이가 없을 것이다.

인류가 가진 '공간' 개념으로는 도저히 우주의 크기를 표현할 수 없는 실정이다. '우주는 얼마나 큰가'라는 질문이 사실상 아무런 의미를 지니지 못한다는 얘기다.

더욱이 우주에 대한 연구가 진행될수록, 그리고 우주에 대한 인류 지식의 지평이 넓어질수록 우주의 크기는 더욱더 커졌다.

그러나 천문학자들은 '우주는 말로 표현할 수 없을 만큼 크다'는 결론에 만족하지 않았다. 천문학자들에게서는 '우주는 언제, 어떻게 생겨났는가' '우주는 처음부터 이렇게 덩치가 컸나' '모든 일에 시작이 있으면, 끝이 있게 마련인데 우주는 언제까지 지속될 것인가' 하는 철학자들이나 던질 법한 질문들이 꼬리에 꼬리를 물고 이어졌다.

궁극적으로 이 책이 알고자 하는 것도 천문학자들의 이런 호기심에서 기인한다. 물론 이 질문들에 대해 천문학자들은 아직 명쾌한 해답을 내놓지 못했다. 그러나 '우주의 시작과 끝'을 탐구하기 위해 천문학자들은 인류의 모든 학문적 성과들을 망라해야 했으며 새롭게 알아낸 사실들 또한 단순한 물리, 수학, 기술의 영역을 뛰어넘은 것이었다.

우리은하의 구조

우리나라에서 여름 하늘을 올려다보면 어두운 밤하늘에 눈가루가 흩뿌

려진 것 같은 긴 띠를 볼 수 있다. 은하수다. 물론 겨울에도 볼 수 있지만, 여름보다는 흐릿하게 보인다. 이 은하수는 강에 비유되어 직녀성과 견우성의 만남을 가로막는 얄미운 존재이기도 하다.

은하수는 지구 어디에서나 관측된다. 그렇기 때문에 대부분의 민족이 은하수에 관련한 신화를 가지고 있기도 하다. 그리스에서는 신들의 왕인 제우스가 자신과 인간 알크메네 사이에 태어난 헤라클레스에게 영생을 주기 위해 헤라의 젖을 물렸는데, 질투에 휩싸인 헤라가 헤라클레스를 뿌리치는 바람에 자신의 젖

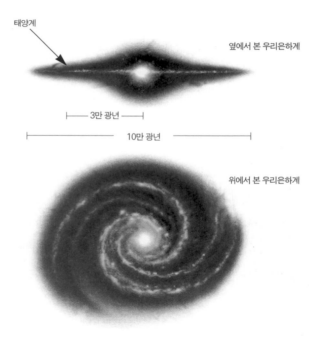

태양계

옆에서 본 우리은하계

├── 3만 광년 ──┤

├──────── 10만 광년 ────────┤

위에서 본 우리은하계

우리은하계와 태양계의 위치

을 하늘에 뿌리게 되었다고 한다. 그래서 사람들은 이것을 젖으로 만들어진 고리, 곧 '갈락시아스 키클로스Galaxias Kyklos'라고 불렀다. 젖을 의미하는 '갈라Gala'로부터 '은하'를 지칭하는 영어 '갤럭시Galaxy'라는 이름이 나온 것이다. 이집트에서는 달의 신 하토르의 젖이 흘러 강을 이룬 것이라고 했다.

우리 눈에 보이는 우주의 단편들은 수많은 별자리 신화와 더불어 낭만적인 정서를 낳았다. 그러나 천문학자들은 여기서 한 발 더 나아가, 우리 눈에 비치는 우주의 실상을 알고자 했다. 그렇다고 해서 우주의 신비로움과 환상이 깨질까? 아니다. 우주는 연구하면 연구할수록 더욱 신비롭고 아름답다.

그렇다면 은하수의 정체는 무엇일까.

은하수는 우리은하를 옆에서 바라본 모습이다. 우리은하의 가장자리에 놓인 지구에서 은하의 중심 쪽으로 바라보았기 때문에 우리은하의 옆모습이 얇으면서도 긴 모양으로 드러나는 것이다.

태양계는 우리은하의 중심에서 2만 5,000~3만 광년 떨어진 은하의 가장 자리에 놓여 있다. 이 태양계 혹은, 태양계의 지구 위치에서 은하의 중심 쪽을 바라본 것이 은하수이다.

옆에서 보면 우리은하는 수직으로는 가장 두꺼운 중심의 두께가 3,000광년 정도인 데 비해 수평으로는 10만 광년이나 되는 얇은 원반 모양이다. 이렇게 가로 세로 10만 광년의 얇은 면을 은하면이라고 부른다.

은하의 가운데에는 '벌지Buldge'라고 불리는 중앙 팽대부가 있고 벌지 중심부에는 밀도가 더욱 높은 은하의 핵이 있다. 벌지 주변에는 공 모양의 '헤일로halo'가 감싸고 있는데 은하핵의 강력한 중력에 의해 수많은 별들이 집중되어 있는 곳이다. 은하 형성 초기에는 이 헤일로에서 많은 별들이 태

구상성단
메시에 15-NGC7078
별이 공 모양으로 둥글게 밀집한 무리를 구상성단이라고 한다. 대개 구상성단이 속한 은하와 함께 생성된 것으로 추측되며, 따라서 구상성단의 별들은 늙은 별들이다. 적게는 수만 개에서 1,000만 개 정도의 별을 포함한다.

어났지만, 그중 무거운 별들은 노쇠의 과정을 밟아 잔해만 남긴 채 사라졌고 지금은 태양보다 가벼운 별들만 남아 은하 주위를 돌고 있다. 그리고 헤일로와 그 주변에서는 구상성단이 많이 발견된다.

위에서 보면 우리은하는 나선형의 팔이 은하 바깥쪽을 향해 뻗어나간 형상이다. 허블의 유형 분류에서 말한 나선은하가 바로 우리은하다. 은하에 소속된 별들은 모두 은하 중심부를 기준으로 회전하고 있으며 한 번 회전하는 데 약 2억 년—이 기간을 1은하년이라고 부른다—이 걸린다. 태양계는 몇 가닥의 나선형 팔 중 하나에 소속돼 있다.

우주의 크기는 얼마나 될까?

베셀과 리비트, 섀플리 등의 업적에 의해, 천문학자들은 이제 아주 멀리 떨어진 천체들까지의 거리를 구할 수 있게 되었다. 서울대 천문학과 교수 이명균 박사가 그 방법을 간단히 정리했다.

"보통 가까운 거리의 은하를 측정할 때는 두 가지

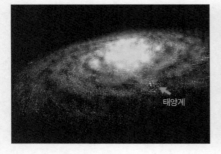

태양계

우리은하

방법을 사용한다. 첫 번째는 크기를 재는 것이고 두 번째는 밝기를 재는 것이다. 원래의 크기가 얼마나 작게 보이는가에 따라 거리를 알아낼 수 있고 또 원래의 밝기를 아는 광원이 얼마나 어둡게 보이는가에 따라 거리를 측정하는 것이다.

그러나 아주 멀리 떨어져 있는 은하라면 이 두 가지 방법으로는 거리를 측정할 수 없다. 이런 경우에는 적색편이를 이용하게 된다. 적색편이는 물체가 빛을 내면서 멀어지면 원래의 색보다 붉어지는 현상을 말하는데 그 붉어지는 정도로 얼마나 먼 곳에 있는가를 알 수 있다."

지금껏 거리를 측정한 은하들만 나열해도 우주의 크기는, 100억 광년이 넘는다. 1초에 30만Km를 달리는 빛의 속도로 100억 광년을 달려야 그 은하에 도달할 수 있다는 이야기다. 그리고 더 아득한 사실은, 인류의 능력으로 가장 먼 천체까지의 거리를 확인한 것이 100억 광년 정도일 뿐 그 언저리가 우주의 끝인지, 아니면 그

적색편이

모든 빛은 파장을 가지는데, 광원이 이동할 때 우리에게 도달하는 그 파장은 더 길어지거나 혹은 더 짧아지는 현상을 보인다. 즉 광원이 멀어질 때는 파장이 길어지면서 스펙트럼이 붉은색쪽으로 편향되고, 광원이 가까워질 때는 파장이 짧아지면서 스펙트럼이 푸른색쪽으로 편향되는 것이다. 따라서 광원이 멀어지면서 그 파장이 붉은색 쪽으로 이동하는 현상을 적색편이라고 한다.

너머에 더욱 광대한 우주가 펼쳐져 있는지, 천문학자들은 아직 확실한 대답을 못하고 있다는 것이다.

최소한 100억 광년이 넘는 거리를 염두에 두고, 이 현실을 이해하기 위해서 다시 한 번 야구장을 활용해보자. 이번엔 우리은하계를 홈 플레이트에 놓는다. 내야 쪽에는 우리은하로부터 비교적 가까운(!) 아벨 은하단과 같은 은하들이 있는데, 그 실제 거리는 20~30억 광년이 된다. 외야에는 50억 광년 이상 멀리 떨어진 은하들부터 100억 광년이 넘는 은하들까지 있다. 우리은하의 지름이 10만 광년에 달하고 그 속에 1,000억 개 이상의 별을 품고 있다고 하지만 야구장 끝까지 펼쳐진 우주에 비하면 우리은하는 야구공에 붙은 작은 모래 알갱이에 불과하다.

이 모래 알갱이에 붙은 태양계, 혹은 지구를 찾으려면? 아주 성능이 뛰어난 현미경을 동원해야 할 것이다.

은하의 종류

우리은하 외에도 수많은 은하가 있다는 것을 알아낸 뒤, 허블은 관측되는 은하들을 유형별로 분류했다. 나선형, 막대나선형, 타원형, 불규칙형 은하가 그것이다. 이 분류는 팔이 감긴 정도와 중심부의 확장도에 따라 나눈 것이다.

나선은하

전체 은하 중 가장 흔한 유형. 우리은하와 안드로메다은하가 여기에 속한다. 옆에서 보면 마치 CD처럼 얇은 모습이고 위에서 보면 나선형의 팔이 뻗어나간 바람개비 모양이다. 나선형 팔의 영역에는 젊고 푸른 별들과 가스, 먼지 등이 많다. 이 가스 영역에서는 새로운 별들이 탄생하기도 한다. 늙고 붉은 별들은 은하 중심의 팽대부에 몰려 있다.

막대나선은하

나선은하 중에서 중심 팽대부가 막대 모양으로 길쭉한 은하. 전체 은하의 60%가 나선은하와 막대나선은하에 속한다.

타원은하

나선은하 다음으로 많은 유형으로 전체 은하의 30%를 차지한다. 타원은하는 회전하지 않는 것으로 알려져 있다. 대개 은하단에서 발견되며 젊은 별과 가스는 거의 없고 늙고 오래된 별들이 많다.

위: 나선은하
별자리 에리다누스자리 남쪽 방향으로 1억 광년 정도 떨어져 있는 나선은하. 은하 중심 부분은 오래된 별들이 모여 있어 노란색과 붉은색을 띠고 있으며 나선의 팔 부분에서 새로 탄생하고 있는 어린 별들의 모습이 선명하다.
아래: 막대나선은하
바다뱀자리에 있는 막대나선은하로, 우리은하계로부터 1,600만 광년 정도 떨어져 있고 약 2,000억 개의 별들이 모여 있다.

타원은하 M87
전형적인 타원은하로 우리은하에
서 5,900만 광년 떨어져 있다.

불규칙은하
남반구에서 맨눈으로도 볼 수 있는
대·소마젤란은하는 대표적인 불규
칙은하이다.

불규칙은하

나선형 팔도 없고 일정한 모양이 없는 은하.
앞의 유형들에 비해 대개 크기가 작고, 가스
가 많아 지금도 활발하게 별이 형성되며 젊
은 별들이 많다. 우리은하에서 가장 가까이
있는 대·소마젤란은하가 여기에 속한다.

은하군과 은하단

우리은하 주변에는 비교적 가까운 거리에 대·소마젤란은하가 있는데 이들은 규모가 작다고 해서 왜소은하라고도 불리고 우리은하의 중력에 영향을 받는다고 해서 위성은하로 불리기도 한다. 우리은하 주변에는 안드로메다은하를 포함, 지름 500광년의 범위 안에 20~30개 은하가 밀집(?)해 있다. 넓고 넓은 우주 안에 몇몇 은하들이 밀집해 있다는 게, 과연 우리은하 동네에 국한된 우연의 일일까?

이 우주에서는 중력이 큰 물질이 작은 물질을 잡아당긴다는 것은 잘 알려진 사실. 좀 더 넓은 시각에서 보면 은하들도 서로 중력에 이끌려 집단을 형성한다. 더 크고 무거운 은하들 주변에 작고 가벼운 은하들이 있기 마련이다. 이 은하들은 서로 중력의 크기와 거리의 평형을 이루어 회전거나, 큰 은하를 향해 작은 은하가 끌려가기도 한다.

전 우주적 규모에서 보면 은하 하나하나는 세포와 같다. 세포가 모여 조직을 이루고 골격과 근육, 피부 등을 이루듯 우주는 은하라는 세포로 이뤄진 생명체인 것이다. 천문학자들은 광활한 우주 안에 군데군데 집단을 이루고 있는 이 은하들의 유형을 은하군, 은하단 등으로 분류해놓았다.

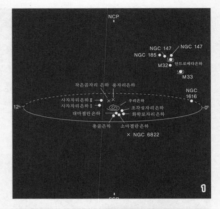

1. 국부 은하군
2. 사자자리은하
3. NGC 6822 은하

은하군Group of galaxies, 국부 은하군Local Group of galaxies

지름 500만 광년 이내에 50개 미만의 은하들이 묶여 있는 것을 은하군이라고 부른다. 우리은하는 약 20~30개 은하들과 함께 느슨하게 모여 국부 은하군을 이루고 있다. 국부 은하군의 은하들 중 1/3가량은 우리은

처녀자리 은하단

하 주변에, 1/3가량은 안드로메다은하(M31) 주변에 몰려 있다. 우리은하 주변에는 이러한 은하군이 5,000만 광년 이내에 50개 정도 있는 것으로 확인됐다.

은하단

은하단은 은하군보다 거대한 집단. 적어도 지름 1,000만 광년 내에 50개 이상 1,000개까지 집중해 있는 것을 말한다. 동일한 영역 내에 결합된 은하가 1,000개가 넘을 때는 거대 은하단이라고 부르기도 한다. 처녀자리 은하단, 머리털자리 은하단이 이에 속한다. 천문학자들은 이 은하단 역시 주변의 은하군을 포함한 초은하단을 형성할 것으로 추측하고 있지만 아직 정확하게 관측되거나 검증되지 않았다.

페르세우스 은하단 사진에서 아주 밝고 크게 보이는 별들은 우리은하계의 별들이고, 작은 반점은 하나하나가 은하들이다. 이 은하단까지의 거리는 3억 광년 정도다. 지구상에 공룡이 나타나기도 전에 출발한 빛을 보고 있는 셈이다. 페르세우스 은하단은 페르세우스-물고기 대은하단의 일부분으로 1,000개 이상의 은하를 포함하고 있다.

우주의 진실을 보여주는 망원경

우주 관측에 있어서 망원경은 빼놓을 수 없는 발명품이다. 망원경의 성능만큼 우주에 대한 인식이 달라지고, 우주의 크기가 커졌다고 해도 과언이 아니다.

배율만큼 사물을 확대해서 보여주는 망원경, 특히 천체를 관측하는 데 사용하는 망원경은 그 종류도 다양하다. 그리고 망원경의 성능과 종류에 따라, 우주의 모습도 달라진다. 그렇다면 다양한 망원경 중에서 과연 어떤 망원경이 진실을 보여주는 것인가? 답은 '모든' 망원경이다.

인간의 눈은 가시광선밖에 볼 수 없다. 그러나 세상의 빛―혹은 전자기파―에는 가시광선만 있는 것이 아니라 자외선, 적외선, X선, 감마선 등등 여러 가지 전자기파가 있다. 가시광선은 전자기파의 폭넓은 스펙트럼 중 극히 일부분일 뿐이다. 어떤 천체는 폭발하면서, 혹은 폭발 뒤 빠른 속도로 회전하면서 엄청난 양의 감마선을 방출하지만 우리 눈에는 보이지 않는다. 또한 자외선은 대기에 흡수되기 때문에 지상에 도달하지 못한다. 쉽게 말해 우리가 보는 우주와 세상의 모습은, 그 전체가 아니라 일부분일 뿐이다. 즉 우리는 우주의 모습을 '띄엄띄엄' 보고 있는 것이다.

만약 우리가 가시광선 중에서 흰색을 지각하지 못한다고 가정해보자. 세상의 사물들은 군데군데 구멍이 뚫리게 될 것이다. 따라서 우주의 진정한 모습을 알기 위해서는 우주에서 발산하는 모든 형태의 빛, 혹은 전자기파를 감지해야 하는 것이다. 따라서 망원경도 각각의 전자기파에 반응하는 것들로 나뉘어져 있다. 가시광선을 감지하는 광학망원경, 그리고 자외선 망원경, X선 망원경…… 이런 식이다.

아주 먼 우주로부터 출발한 가시광선은 우리에게 도달하기 전에 흡수되거나 왜곡되는 경우가 많다. 그러나 자외선이나 감마선 등은 비교적 손실 없이 지구까지 도달한다. 아주 먼 우주, 아주 오래전 우주에 대한 관측은 가시광선 외의 다른 전자기파들이 더 유리하고 정확하다. 그렇기 때문에 천문학계에서 더욱더 주력하는 분야는 사실상 탐사선 발사보다는 망원경 개발이다. NASA뿐만 아니라 일본, 러시아, 그리고 유럽연합의 여러 나라들이 천문학적인 비용을 들여가며 망원경을 개발, 건설하고 있다.

자, 그럼 망원경의 유래와 역사, 그리고 망원경이 앞으로 천문학 연구에 끼치게 될 영향력 등을 살펴보자.

천문학의 견인차, 망원경

기록상에 나타난 최초의 망원경 제작자는 네덜란드 미델뷔르흐의 안경장 한스 리페르세이Hans Lippershey다. 이때가 1608년, 우연한 기회에 망원경의 원리를 발견한 리페르세이는 자기 발명품의 상품가치를 알아보고 당장 주 정부에 전매권을 신청했다. 그리고 이 망원경은 주로 배를 타고 다니는 네덜란드 상인들에게 판매되었다. 이탈리아에서 이 소식을 들은 갈릴레오 갈릴레이는 자신이 직접 망원경을 만들기로 마음먹었다. 물론 그가 망원경을 필요로 한 것은 하늘을 관측하는 데 쓰기 위해서였다.

갈릴레이는 세 번의 시도 끝에 1609년, 마침내 망원경을 만들어내는 데

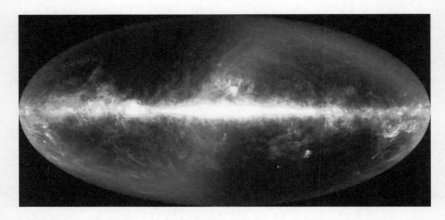

성공했다. 그러나 이 신기한 발명품은 처음에는 학자들의 관심을 끌지 못했다. 그들은 망원경으로 천체를 관찰함으로써 아리스토텔레스가 완성해놓은 우주론에 새삼 도전하거나 논쟁에 휘말리고 싶지 않았던 것이다. 갈릴레이는 연구비를 받아내기 위해 다시 베네치아의 총독과 상원의원들에게 망원경의 기능을 설명했다. 그제야 갈릴레이의 망원경은 가치를 인정받았는데, 그것은 상업용이나 군사용의 필요에서였다.

어쨌거나 갈릴레이의 망원경은 정부의 인정을 받게 되었고, 덕분에 갈릴레이는 파도바 대학교의 교수가 되었다. 그리고 무엇보다도 안정적인 위치에서 천체 관측을 계속할 수 있게 되었다.

당시 갈릴레이가 처음 만들었던 망원경은 3배율이었다. 이후 갈릴레이는 성능을 높여서 20배율로 만든 망원경으로 천체를 관측, 달 표면이 매끈한 것이 아니

적외선으로 본 우주
이 사진에는 주로 우리 태양계, 우리은하, 그리고 우주의 모습이 나타나 있다. 우주배경복사 탐사위성 코비 COBE(Cosmic Background Explorer)가 수년간 관측한 자료를 이용하여 만든 사진으로 우리 태양계의 모습이 푸른색의 S자 형태로 가장 뚜렷하게 나타나 있다. 이 것은 태양과 목성 사이에 있는 운석과 먼지들이 내는 빛이다. 반면에 우리은하는 사진의 중심을 가로지르는 밝은 지역으로 나타나 있는데 이는 우리은하의 은하면이다.

라 울퉁불퉁한 요철 모양이라는 것을 알아냈다. 1610년에는 더욱 성능이 높아진 망원경으로 목성 주변에 4개의 위성이 돌고 있다는 것과 목성 자체의 표면은 밝기와 색깔이 다르다는 것, 그리고 태양에 흑점이 있다는 사실 등을 알아냈다.

갈릴레이의 망원경 이후, 망원경은 두 가지 형태로 제작·발전했다. 하나는, 초기의 망원경인 굴절망원경의 형태다. 즉 안경처럼 렌즈를 통과하는 빛을 굴절시켜서 모으는 기술이다. 이 망원경의 배율을 높이기 위해서는 렌즈를 크게 그리고 초점거리가 길어지도록 망원경 통도 길게 만들어야 했다. 그러나 당시의 기술로는 렌즈의 지름이 1m를 넘지 못했다. 지름을 더 크게 하면 렌즈가 너무 무거워져서 실용화할 수 없기 때문이었다.

이 굴절망원경의 문제를 해결한 것이 반사망원경이다. 반사망원경은 큰 포물면 거울에 빛을 모아 다시 한 점으로 집중시키는 것이다. 갈릴레오 갈릴레이에 이어 망원경을 천문학 발전에 이용한 또 다른 천문학자는 앞에서 소개했던 F. W. 허셜이다. 허셜은 1783년에 제작된, 당시로서는 가장 큰 망원경이자 반사망원경이었던 지름 48cm의 망원경과 1789년에 만든 122cm의 망원경으로 천왕성과 그의 위성 2개, 토성의 위성 2개를 발견했다. 천왕성 발견은 당시까지 받아들여지던 태양계의 범위를 수정, 그 영역을 2배로 넓히는 결과를 가져왔다. 허셜은 대형 망원경을 직접 제작하기도 했는데 1774년에는 초점거리 168cm, 1775년에는 초점거리 213cm, 1789년에는 초점거리 1,219cm(지름 1m 22cm)의 망원경을 완성했다.

허셜은 독일에서 출생했지만 영국에서 활동한 천문학자로 독특한 계기로 천문학에 입문하게 되었다. 그는 원래 음악가의 아들로 태어나 전쟁에 징집됐다가 탈주, 영국 런던 교외의 작은 교회에서 오르간 연주자로 생활

했다. 이 시기에 그는 천문학 서적을 탐독하면서 지식을 쌓았고 자신이 직접 만든 망원경으로 천체 관측에 몰두했다. 이후에는 음악 공부를 하기 위해 영국으로 온 여동생 C. L. 허셜도 관측 자료를 분석하는 데 동참하면서 음악을 포기하고 천문학자가 되었다. 그것도 평범한 천문학자가 아니라 오빠인 F. W. 허셜과 함께 근대 천문학의 기초를 세운 위대한 천문학자가 된 것이다.

허셜 남매의 업적 중 가장 중요한 것은 항성의 분포 상태를 분석해서 은하계 구조의 기초를 세운 것과 2,500개의 성단·성운 목록을 작성한 것이다. 우리은하의 구조를 밝히기 위해 허셜은 하늘을 1,083개의 구역으로 나누고 각 구역 안에 있는 별들을 하나하나 관측해서 그 밝기에 따라 거리를 정했다. 집념과 끈기의 작업이 아닐 수 없다. 그 결과 허셜에 의해 완성된 은하지도는 지름 약 7,400광년에 두께 약 1,350광년의 크기를 기록할 수 있었다. 허셜의 은하지도와 성단·성운 목록은 이후 천문학계의 '은하의 크기' 논쟁에 중요한 요소가 되었다.

망원경 기술이 발전함에 따라 일생을 걸고 망원경 제작에 헌신하는 과학자도 생겨났다. 그중 대표적인 사람이 조지 엘러리 헤일이다. 그는 1908년, 윌슨 산 천문대에 강철왕 카네기의 도움으로 1.5m 구경의 망원경을 설치했는데, 이는 당시 세계에서 가장 큰 망원경이었다. 거대우주론을 주장했던 할로우 섀플리가 구상성단을 관측하는 데 이용한 망원경이 바로 윌슨 산의 1.5m 망원경이다.

조지 엘러리 헤일은 1.5m 망원경이 완성되기도 전에, 그보다 더 큰 망원경 제작에 착수했는데 크기가 무려 2.5m나 되는 망원경이었다. 이 망원경은 카네기와 새로운 후원자 후커의 지원으로 1917년에 완공돼 역시 윌슨 산 천

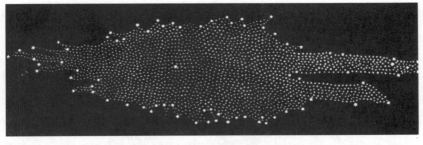

문대에 설치됐다. 2.5m 후커 망원경이 완성된 뒤에도 헤일의 '거대 망원경' 꿈은 사그라질 줄 모르고 오히려 점점 더 커져갔다. 그는 다시 약 5m 망원경에 도전했는데, 아쉽게도 이 꿈은 그가 죽은 다음에야 이루어졌다. 망원경에 남다른 열정을 쏟아 부으며 당시 천문학의 발걸음을 성큼성큼 옮겨놓은 헤일은 1938년 안타깝게 눈을 감았고, 그의 5m 망원경은 그로부터 10년 뒤인 1948년 팔로마 산 천문대에서 완공되었다. 그의 업적을 기려 이 새로운 망원경에는 '헤일' 이라는 이름이 붙여졌다. 그가 만든 망원경은 이전에 여키즈Yerkes 천문대에 세운 1m 망원경까지 포함해서 4개다. 4개 모두 당시로서는 세계 최대 구경 최고 성능의 망원경이었다.

에드윈 허블이 헤일의 망원경을 접하게 된 것은 1919년 그가 윌슨 산 천문대에 들어가면서였다. 당시 윌슨 산 천문대가 보유한 망원경은 1.5m와 2.5m 구경이었다. 허블의 눈을 사로잡은 건 당연히 2.5m 구경의 후커 망원경이었다. 법률학도 출신의 늦깎이 천문학자와 당대 최고 망원경의 만남, 그것은 천문학 사상 기념비적인 관측을 낳았고 지금까지도 천문학계의 가장 큰 화두가 되어 있다. 다름 아닌, 팽창하는 은하에 관한 것이다.

위: 헤일 망원경
아래: 후커 망원경

가만, 은하가 팽창한다? 정확히 얘기하면, 은하의 팽창이 아니라 우주의 팽창이다. 은하의 부피가 늘어나는 것이 아니라 서로 다른 은하들이 점점 멀어지는 것이기 때문이다. 은하 자체는 은하를 구성하는 별, 성운, 성단, 블랙홀 등의 중력관계에 의해 강력한 힘의 균형을 이루고 있는 상태다. 은하의 진화 과정에 따라 모양이 달라지거나 크기가 달라지긴 하지만 그것은 개별 은하마다 서로 다른 과정과 양상으로 진행한다.

허블이 후커 망원경을 통해 확인한 것은, 외부은하들이 모두 우리들로부터 점점 멀어지고 있으며 멀리 떨어져 있는 은하들일수록 더욱 빨리 멀어진다(혹은 후퇴한다)는 사실이었다. 우리 눈에는 늘 똑같아 보이는 하늘, 즉 우주가 점점 확장되고 있다는 것이다.

물론 우리은하를 중심으로 모든 은하가 멀어져가는 것은 아니다. 우리은하는 결코 우주의 중심이 아니며, 중요한 것은 우주 그 어느 곳에도 '중심'은 없다는 사실이다. 은하들은 제각각 다른 은하들로부터 멀어질 뿐이다.

허블연구소 소장 웬디 프리드먼은 이 허블의 발견을, 가슴 벅찬 감동으로 표현한다.

"허블의 발견을 통해 우리는 인간이 살고 있는 우주가 어떠한 변화도 없이 정적으로 존재하는 곳이 아니라는 것을 알게 됐다. 또한 허블은 우리가 살고 있는 우주가 역동적으로 변화하고 있고 우리는 그처럼 신비롭고 아름다운 변화를 거듭하는 우주의 한 일원이라는 사실을 일깨워줬다."

우주가 팽창한다는 것은, 우주의 끝을 연구하는 데 있어 중요한 요소다. 설사 천문학자들이 이 우주만 한 자를 가지고 우주의 지름, 반지름, 가로, 세로 거리를 잰다고 해도 우주는 계속 팽창하고 있기 때문에 그것을 우주의 끝이라고 단정할 수 없는 것이다. 우주가 계속 팽창하는 이상, (공간적 의미의) 우주의 끝을 알기 위해서는 우주가 팽창하는 속도와 우주의 나이(우주의 지름=팽창 속도×팽창 기간, 즉 우주의 나이)를 알아야 하고, 팽창 속도를 알기 위해서는 팽창의 원인을 알아야 한다. 문제가 아주 복잡해지는 것이다. 그러나 천문학자들은 역시 이 복잡한 문제를 피하지 않고 열심히 연구에 매달리고 있다. (이 부분에 대한 설명은 '우주의 팽창'에서 이어진다.)

다시 망원경으로 돌아오면, 팽창속도니 우주의 나이니 하는 복잡한 문제를 풀지 않더라도 아주 강력한 성능을 가진 망원경으로 우주의 끝에 있는 천체를 확인하고, 그 천체까지의 거리를 재는 방법이 있지 않을까? 지금까지 천체와 천체 사이, 은하와 은하 사이의 거리를 쟀던 것과 같은 방법으로 말이다.

앞서 지금까지 발견된 가장 먼 은하들이 약 100억 광년 너머에 있다는 것을 잠깐 언급했다. 이것은 현재 인류가 가진 가장 성능이 좋은 망원경으로 아주 오랜 기간 관측한 결과 알아낸 것이다. 그러나 과연 그 은하들이 있는 곳이 우주의 끝일까? 아쉽게도 그렇지 않다. 천문학자를 포함한 공학자들이 첨단 망원경의 개발에 박차를 가하고 있음에도 불구하고 현재 우리가 가진 망원경의 성능으로는 '우주의 끝'을 보는 데, 즉 그곳으로부터 출발한 신호를 잡아내는 데 한계가 있다. 그렇기 때문에 천문학자들은 끊임없이 더 좋은, 더 훌륭한 망원경에 목말라한다. 미국에서 대형 망원경 제작에 참여하고 있는 조명규 박사의 설명이다.

"망원경은 인류가 가진 기술의 결정체이다. 거울도 그렇고, 망원경을 지지하는 구조물도 상당히 정교한 기술력을 요한다. 지름이 지구 정도 되는 망원경을 만든다고 할 때 허용될 수 있는 오차가 겨우 20cm 정도이다."

자, 그럼 인류의 기술이 총집약된 망원경에는 어떤 것이 있는지 알아보자.

광학망원경

허블이 안드로메다은하까지의 거리를 밝혀내고, 은하들이 멀어진다는 사실을 알아낸 도구는 주경의 지름이 2.5m인 윌슨 산 천문대의 후커 망원경이었다. 그리고 초기 '거대 망원경' 계획을 실현했던 조지 엘러리 헤일이 사후에나마 완성한 것은 지름 5m의 팔로마 산 천문대 망원경이었다. 그리고 50여 년이 지난 현재 가동 중인 망원경들 중 '거대 망원경'에 속하는 것은 지름이 보통 8m 이상이다. 그중 가장 유명한 것은 하와이 마우나케아Mauna Kea 산에 있는 켁KECK 망원경이다.

현재 가동 중인 거대 망원경들과 보다 정밀한 관측력을 목표로 한 망원경 계획들을 살펴보자.

켁KECK 망원경

1992년, 1996년 두 번에 걸쳐 설치된 쌍둥이 망원경으로 하와이 마우나케아 산 정상(해발 4,120m)에 위치하고 있다. 8층 높이의 건물 안에 지름 10m, 정확하게는 지름 9.82m의 망원경이 각각 들어 있다.

주경의 무게는 13톤으로, 팔로마 산 천문대의 5m 헤일 망원경보다도 가벼운데 그 비결은 주경의 표면을 한 변이 60cm인 육각형의 반사경(지름 1.8m 반사경에 해당) 36개를 조합해 만든 데 있다.

쌍둥이 망원경인 두 망원경 사이의 거리는 85m, 이 두 개의 망원경을 동시 가동해서 발휘되는 분해능은 지름 14m의 망원경과 같은 효과를 내, 90m 거리에서 1,000분의 1초(1초=3,600분의 1도)의 각거리를 구별할 수 있을 정도다. 1994년 7월, 슈메이커-레비 혜성이 목성에 충돌했을 때 지구상의 그 어떤 망원경보다도 가장 선명한 이미지를 잡아냈다.

또한 우주 상공에 떠 있는 허블 우주망원경을 보완하는 역할을 한다. 허블 우주망원경과 켁 망원경은 협업 관계다. 운영은 CALTECH, UCLA(로스앤젤레스에 위치한 미 캘리포니아 주립대학), NASA가 맡고 있다. 참고로, 마우나케아 산은 정상이 분지로 되어 있어 거대 구조물을 세우기가 쉽고 대기가 깨끗해서 세계 각국의 망원경들이 가장 많이 밀집해 있다.

KECK

VLT(Very Large Telescope)

VLT

칠레 북쪽 아타카마 사막의 팔라나르 산에 위치하고 있다. 8.2m짜리 망원경 4개를 각각 독립적으로 가동하거나, 4개가 동시에 가동되기도 하는데 이 경우, 지름 16m 망원경의 효과를 내는 세계에서 가장 큰 광학망원경이 된다. ESA 소유이다.

수바루SUBARU 망원경

하와이 마우나케아 산 정상에

왼쪽: SUBARU
오른쪽: GEMINI

위치하고 있다. 8.2m의 단일 거울로 된 망원경이며, 단일 거울로는 세계 최대의 망원경이다. 일본 국립천문대가 운영하고 있다.

제미니GEMINI 망원경

미국, 캐나다, 영국, 오스트레일리아, 브라질, 칠레, 아르헨티나에서 공동으로 세운 2개의 8.1m 망원경. 한 개는 하와이 마우나케아 산에 있고, 나머지 한 개는 세로 파라날에 있다.

SALT(Southern African Large Telescope)

2005년까지 완공 예정인 지름 11m의 망원경. 이름에서도 알 수 있다시피 위치는 남아프리카공화국이며, 자리를 제공한 남아프리카 공화국 외에도 독일, 폴란드, 미국, 뉴질랜드, 영국이 합작, 공동 운영할 계획이다. 주로 먼 거리에 있는 별, 은하, 퀘이사 등을 연구한다.

GTC(The Gran Telescopio CANARIAS)

하와이의 켁 망원경을 본떠 육각형으로 된 1.9m 반사경 36개를 조합하는 방식의 10.4m 망원경으로 스페인 카나리 제도의 라 팔마 섬에 위치해 있다. 스페인과 멕시코가 운영한다.

주로 지구형 행성 및 갈색왜성 탐색, 외부은하 내의 별 분포, 활동 은하 등을 연구할 계획이다.

위: SALT
아래: GTC

LBT(Large Binocular Telescope)

지름 8.4m 거울로 이루어진 2개의 망원경. 완성될 경우 11.8m 단일 망원경의 집광력과 22m 망원경의 분해능을 발휘하게 된다. 이탈리아, 프랑스, 독일, 그리고 미국의 여러 대학교와 연구소들이 이 망원경 운영에 참여하고 있다.

LBT

전파망원경

현대 천문학에서 쓰이는 망원
경은 광학망원경뿐만이 아니다.

앞에서도 언급했듯이 우주 공
간에 존재하는 아주 다양한 빛(전
자기파)에는 전파가 포함된다. 전
파는 빛의 스펙트럼 중에서도 파
장이 제일 긴 편에 속하는데, 이
전파 분석을 통해 우주를 연구하는 학문이 전파천문학
이고 여기에 이용하는 망원경이 전파망원경이다.

우주로부터 오는 전파 신호를 최초로 발견한 과학
자는 1931년 벨연구소의 칼 잰스키Karl Jansky다. 천체
로부터 수신되는 신호에 빛뿐만 아니라 전파도 있다는
것을 알아낸 것이다. 실제로 전파망원경을 제작하여
항성 간 전파의 수신에 성공한 것은 1939년, 과학자
레버Grot Reber에 의해서였다. 이후 전파망원경 기술은
제2차 세계대전을 통해 더욱 발달하는데 우리가 잘 알
고 있는 레이더가 바로 전파 신호를 이용한 탐색 장치
의 원리로 작동되는 것이다.

1951년에는 미국의 물리학자 퍼셀Edward Mills

Purcell이 전파망원경을 통해 중성 수소선을 관측했고 1960년에서 1963년 사이에는 엄청난 에너지를 전파로 발산하는 전파 은하, 그리고 광학적으로는 별 정도의 크기로밖에 보이지 않지만 아주 먼 거리에서 강력한 전파를 내는 퀘이사 등의 존재가 전파망원경에 의해 밝혀졌다.

애초의 광원으로부터 출발한 빛이 그 이동 거리가 멀수록 약해지듯, 아주 먼 천체로부터 출발한 전파 역시 지구까지 도달하는 동안 아주 약해진 상태다. 이렇게 약한 신호를 잡아내기 위해서 전파망원경도 엄청나게 큰 규모로 만들어지고 있다. 전파망원경은 접시 형태가 보통이다. 따라서 렌즈를 이용한 광학망원경보다 싼 비용으로 훨씬 큰 구경을 얻을 수 있다. 또한 전파 자체의 파장이 길기 때문에 대기의 방해를 받지 않는 장점이 있다.

더 환상적인 것은, 여러 대의 전파망원경을 연결하면 훨씬 좋은 분해능을 얻을 수 있는데, 예를 들어 서울과 부산에 있는 전파망원경이 동시에 같은 천체를 관측해서 그 데이터를 합친다면 장장 500km나 되는 구경을 가진 전파망원경을 가동한 것과 같은 결과를 낳는 것이다. 전파 천문학은 우주에 좀 더 가까이 가기 위해 안달 난 천문학자들의 갈증을 채워주고 있다.

미국 멕시코 주에는 VLA(Very Large Array)라는 이름의 전파망원경이 있다. 비교적 간단한 이름의 이 망원경은 일종의 시스템이다. 25m 구경의 망원경을 Y자 모양으로 27개를 배치해서 최대 구경 36.4km(36m가 아니라 36km!)의 효과를 내는 것이다.

우리나라에는 서울대학교 전파망원경과 대덕 전파천문대가 있다. 또한 한국천문연구원에서는 200억여 원의 예산을 들여 서울과 울산, 제주도를 잇는

VLA

허블 우주망원경
Hubble Space Telescope
고도 612km에서 적도 쪽으로
28.5도 기울어진 궤도를 한 바
퀴 도는 데 97분이 걸린다. 현
재는 자외선, 가시광선, 근적외
선까지 관측하며 하루 1만 개의
컴퓨터 디스크를 꽉 채울 만큼
의 자료를 전송하고 있다.
허블 우주망원경의 예상 수명은
2010년까지다. 미국 NASA는
이미 허블 우주망원경을 대체할
차세대 우주망원경 계획에 들어
갔다.

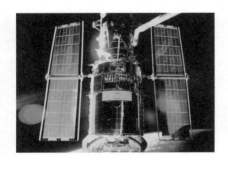

전파 관측망 사업인 한국우주전파관
측망KUN을 추진 중이다.

허블 우주망원경

처음 우주망원경이라는 아이디어
는 1920년대 독일의 오베르트Hermann Julius Oberth에
게서 나왔다. 먼 천체로부터 출발한 빛은 지구 대기를
통과하면서 굉장히 약해지고, 왜곡되기 때문에 우주
공간에 망원경이 있다면 훨씬 선명하고 정확한 이미지
를 얻을 수 있다는 것이었다. 그러나 당시는 로켓 기술
이 충분히 발달하지 못해, 말 그대로 아이디어에 그칠
수밖에 없었다.

그 뒤, 우주망원경의 실행을 제안한 사람은 미국 예
일 대학교의 라이먼 스피처Lyman Spitzer 박사다. 1946
년의 일이었다. 1969년 인류가 달에 착륙한 다음에야
NASA에 의해 구체적인 계획이 세워졌고, 1977년에는
2.4m짜리 망원경을 제작하기로 결
정했다. NASA가 주도하되, 유럽의
협조를 얻는 조건이었다.

10여 년의 준비 끝에 마침내 인
류 역사상 최초의 우주망원경이 발
사된 것은 1990년 4월 24일. 망원경

을 통해 우주의 팽창을 발견한 허블의 업적을 기려, 허
블 우주망원경이라 명명됐다.

　그러나 1990년 5월 20일 허블 우주망원경이 최초
로 보내온 천체 사진은 그다지 만족스럽지 않았다. 조
사 결과 망원경의 주경에 문제가 있음이 발견됐다.
1993년 NASA는 우주왕복선 엔데버호를 발사해 허블
우주망원경의 일부 부품을 교체했다. 그제야 비로소
허블 우주망원경은 천문학자들의 꿈을 실현시킬 수 있
었다. 우주로 향한 창문을 활짝 열어젖힌 허블 우주망
원경의 업적은 고다르 우주비행센터 니들러Niddler 박
사의 다음 설명으로 집약된다.

　"지난 12년간 이 망원경이 이뤄낸 업적은 대단하다.
이 망원경이 이룩한 가장 위대한 업적이라면 아마도 장
구한 우주의 역사를 밝혀내는 데 도움을 준 일일 것이
다. 고선명도를 자랑하는 허블 우주망원경의 관측으로
우리은하계가 약 10억 년 미만의 나이였던 초창기에

**왼쪽: 허블 우주망원경 발사 장
면**(미국, 1990년)
오른쪽: 허블 우주망원경 수리
(1999년)

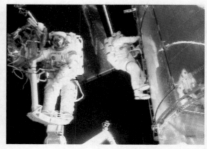

NGC 2264
2002년 수리 후 허블 우주망원경이 보내온 천체 사진. 지구로부터 2,500광년 떨어져 있는 7광년 크기의 원뿔 모양 성운 앞쪽 끝 부분이다. 성운이 주위 젊은 별들로부터 자외선을 받아 아름다운 색을 내고 있다.

어떤 형태였는지를 알아낼 수 있게 되었다. 허블 우주망원경이 개발되기 전에는 도저히 알 수 없었던 은하계의 기원과 생성 과정을 이제는 알아낼 수 있게 된 것이다. 그 외에도 우리는 우주가 어떻게 팽창하고, 진화해왔는지를 이해할 수 있게 되었으며 은하계의 최근 모습은 물론 그것이 형성되기 시작한 초창기의 역사를 파악할 수 있게 되었다. 이는 10~20년 전까지만 해도 상상할 수 없는 일이었다."

NASA 소속으로 '생명기원 프로그램Origins Program' 홍보 담당자이자 동시에 적외선 우주망원경 프로젝트를 담당하고 있는 미셸 탈러도 "허블 우주망원경이 관측한 은하계 2,000개는 각각 1,000억 개가 넘는 별들을 갖고 있다. 그러나 이것은 거대한 우주에 비하면 극히 일부분에 불과하다. 허블 우주망원경은 이 우주의 크기가 어느 정도인지, 은하계 별들의 수가 얼마나 많은지를 알게 했다"고 말한다.

허블 우주망원경이 관측한 아름다운 성운들

카리나 성운

우리은하로부터 8,000광년 정도 떨어져 있는 성운. 이 사진은 1999년 4월에 허블 우주망원경으로 6개의 다른 파장대를 이용하여 찍은 사진을 합성한 것이다. 이 성운에 나타난 복잡한 모양들은 이 성운에 포함되어 있는 질량이 크고 젊은 별에서 나오는 빛과 별바람이 만들어낸 작품이다. 이 성운의 색깔은 우리 눈으로 보는 색깔과 정확히 같지는 않다. 허블 우주망원경의 사진은 우리 눈에는 보이지 않는 빛을 이용하여 찍는 것도 있다. 좁은 파장대를 이용하여 찍은 사진에서는 짧은 파장은 푸른색으로, 긴 파장은 붉은색으로 해석된다. 이렇게 만들어진 사진의 색깔은 눈으로 보는 것과는 다른 색깔로 보이지만 천체의 여러 가지 특성에 대한 정보는 그대로 가지고 있다.

장미성운

이 성운에 장미성운이라는 이름보다 더 어울리는 이름이 있을 수 있을까? 이 아름다운 성운에 NGC 2237이라는 코드네임만 있었다면 얼마나 삭막할 것인가? 이 성단을 이루는 별들은 바로 얼마 전에 성운을 이루고 있던 물질이 응축되어 형성되었다. 이 별들이 내는 별바람이 성운의 가운데 부분의 먼지와 기체를 날려 보내고 별들이 내는 자외선은 성운의 기체를 여과시켜 밝은 빛을 내도록 하고 있다.

게성운

게성운은 1054년에 폭발한 초신성의 잔해이다. 당시 별이 폭발하는 광경은 중국인들과 아나사지 인디언들에 의해 목격되었다. 사진에 나타난 색깔은 게성운의 전자들에게 어떤 일이 일어나고 있는지를 나타낸다. 붉은색은 전자가 중성수소를 형성하기 위해 양성자와 재결합하고 있음을 나타내고 초록색은 전자들이 내부 성운의 자기장 주위에서 소용돌이치고 있다는 것을 나타낸다. 성운의 중심 부분에는 1초에 30번씩 회전하는 중성자성이 있다.

M1-67 성운

어떤 별들은 슬로 모션으로 폭발한다. 드물게 발견되는, 질량이 큰 울프 레이엣 별Wolf-Rayet Star들은 매우 불안정하고 뜨거운 별들로, 이 별은 지금까지 1만 년 동안 분해가 진행되고 있다. 사진의 한가운데 흰색으로 보이는 것이 울프 레이엣 별 WR124다. 별 외곽 쪽으로 밀려나는 기체들이 M1-67이라고 명명된 성운을 만들어내고 있다. WR124는 궁수자리 방향으로 1만 5,000광년 정도 떨어져 있는 별이다.

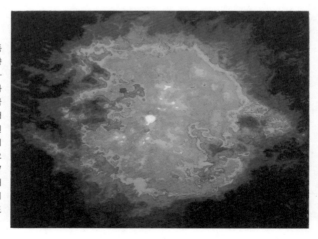

1993년의 주경 부품 교체 외에도 허블 우주망원경은 수리와 업그레이드가 계속됐다. 그중에서도 1999년 말 항법장치인 자이로스코프 교체로 시작해 2002년 관측 카메라 교체, 자외선과 근적외선 영역까지 관측하는 탐사용 고급 카메라ACS 설치로 끝난 2년간의 대대적인 수리는 허블 우주망원경의 성능을 훨씬 높여 천체 이미지의 선명도가 최초의 관측 때에 비해 두 배로 좋아졌다.

이 과정에서 천문학자들은 우주의 진실에 한 발 한 발 다가가고 있다. 허블우주망원경을 통해 우주의 팽창이 거듭 확인된 것은 물론이고 각각의 은하들이 서로 멀어지는 속도를 알아내기 시작했다. 허블연구소 웬디 프리드먼의 말이다.

"우주는 전반적으로 동일한 형태로 확장하지만, 은하계 사이의 거리가 멀수록 그 확장 속도는 더욱 빨라진다. 예를 들어 두 은하 사이의 거리가 3,000만 광년이라면, 서로 멀어지는 속도는 초당 1,000km에 달한다."

뭐니 뭐니 해도 허블 우주망원경의 가장 큰 성과는 '허블 딥 필드' 관측이다. 지상에서는 그저 까맣게 보이는 하늘을 향해 10일간 장시간 노출을 줘서 찍은 사진이 허블 딥 필드인데, 여기에는 보통 망원경으로 볼 수 없었던 아주 먼 곳에 있는 수많은 은하들이 선명하게 모습을 드러내고 있다.

이 허블 딥 필드 연구를 통해 신생아나 다름없는 우주 생성 초기에, 이미 많은 은하들이 있었음을 알게 되었으며 은하의 형성과 진화 연구에 커다란 발전을 이루었다.

허블 딥 필드 외에도 허블 우주망원경은, 은하들의 중심부를 집중적으로

허블 딥 필드
Hubble Deep Field
허블 우주망원경이 1995년 12월, 북두칠성 옆 부분에서 촬영한 천체 사진. 수천 개의 은하들이 빽빽이 들어차 있는데, 이 중 가장 먼 거리의 은하는 약 100억 광년 정도이다. 우주의 나이를 120억 년에서 130억 년으로 본다면, 우주 탄생 후 20억~30억 년밖에 되지 않은, 아주 젊은 우주의 모습을 보여준다.

관측한 결과 그 중심부에 블랙홀이 존재한다는 확실한 증거를 포착했다. 수많은 성운들 속에서 별들이 탄생하는 지역을 찾아낸 것 또한 허블 우주망원경의 성과다. 허블 우주망원경이 본격적인 작동을 시작한 지 10여 년, 허블 우주망원경은 지금까지 은하계 2,000개를 포함, 1만여 개가 넘는 천체를 관측해 어마어마한 양의 데이터를 지구로 전송했다. 그러나 이 정도는 전체 우주를 채우고 있는 천체들에 비하면 1,000만 분의 1도 되지 않는 양이다.

인류는, 허블 우주망원경을 쏘아 올린 뒤 이 망원경이 미치지 못하는 파장 영역을 관측하기 위해 또 다른 우주망원경들을 쏘아 올렸다. 그중에 대표적인 것이 찬드라 X선 우주망원경이다.

찬드라 X선 우주망원경

빛(전자기파)에는 전파, 적외선, 가시광선, 자외선, X선, 감마선이 있다. 인간의 눈에 유일하게 포착되는 가시광선은 파장이 380~770nm(1nm=100만 분의 1mm)로 비교적 긴 파장을 가진다. 그에 비해 X선 파장은 0.001~10nm로, 가시광선의 1,000분의 1에서 10만 분의 1밖에 되지 않는다. 파장이 짧은 덕분에 중간물질에 크게 영향받지 않은 채 아주 먼 거리를 여행할 수 있다.

파장이 짧다는 것은 에너지가 높다는 말로, X선이 지닌 에너지는 가시광선의 1,000~10만 배나 되는데 100만~1억°C의 고온 물질에서 나온다. 이 X선을 포착할 수 있는 망원경을 가동하면 아주 먼 거리에 있는, 가시광선이나 전파로는 감지할 수 없는 매우 높은 에너지를 지닌 천체, 즉 블랙홀이나 중성자별 등의 현상을 관측할 수 있다.

찬드라 X선 우주망원경은 1999년 7월, 우주왕복선 컬럼비아호에 실려 우주 공간으로 나아갔는데, 4~5층 건물 높이에 무게는 22.5톤에 이르는 거대한 우주망원경이다. 이 이름은 1983년에 노벨 물리학상을 받은 인도 출신의 수브라마냔 찬드라세카 박사에서 따왔다. 이 우주망원경은 X선 중에서도 가장 파장이 짧은 경 X선(파장이 비교적 긴 것은 연 X선이라고 함) 영역을 포착해 그 데이터를 지구로 보내고 있는데, 시력은 8km 떨어진 곳의 신

문기사를 읽거나 19km 떨어진 곳의 도로 표지판을 읽을 정도다. 찬드라 X선 우주망원경은 허블 우주망원경보다 수백 배 더 먼 천체들을 관측하며, 또한 우주 입자들이 블랙홀로 빠져 들어가는 수초 전의 상태까지 관측할 만큼 정교하다.

이런 능력으로 찬드라 X선 우주망원경은 우리은하의 중심, 궁수자리에서 태양 질량의 260만 배나 되는 초대형 블랙홀로 의심되는 천체의 존재를 확

위: 찬드라 X선 우주망원경
아래: 찬드라 X선 우주망원경이 포착한 M51과 동반은하 NGC 5195
오른쪽에 있는 M51 중심부의 밝은 핵 주위에 수백만 도가 넘는 고온 가스가 퍼져 있다. 전파관측의 결과와 연결해보면, 이 가스는 은하 중심의 거대 블랙홀 부근에서 발생한 제트기류에 의해 가열된 것으로 보인다. 왼쪽에 있는 천체가 NGC 5195로 M51의 동반은하다.

인했다. 블랙홀은 가시광선까지도 흡수하기 때문에 직접 관측이 어려운데, 블랙홀 주변에서 발생하는 강력한 X선을 관측함으로써 우리은하뿐만 아니라 우주 이곳저곳에서 블랙홀 존재의 가능성을 확인해준 것이 바로 찬드라 X선 우주망원경이다. 이와 같은 공적 덕분에 찬드라 X선 우주망원경의 수명은 애초 5년이던 것이 10년으로 연장됐다.

우리나라의 전파망원경과 우주망원경

대덕 전파천문대
TRAO(Taeduk Radio Astronomy Observatory)
1984년 대덕 연구단지에 설립된 한국 최초의 전파천문대. 천문대가 보유한 지름 14m의 접시형 전파망원경은 300GHz(기가헤르츠, 헤르츠의 10억 배)의 짧은 파장의 전파까지 포착할 수 있는 고도의 정밀성과 지향성을 지니고 있다.

서울대학교 전파망원경
SRAO(Seoul Radio Astronomy Observatory)
서울대학교 우주전파 연구실에서 보유한 지름 6m의 전파망원경. 1999년 10월부터 2년에 걸쳐 완공했으며 우리나라에서는 가장 정밀한 표면을 갖춘 것으로 알려져 있다. 2002년 2월 본격적인 가동을 시작했으며 성간 물질과 별의 생성에 관한 연구를 수행하고 있다.

연세대학교

울산대학교

제주대학교

한국 우주전파 관측망 KVN(Korean VLBI Network)
한국 천문연구원에서 200억여 원의 예산을 들여 서울의 연세대학교, 울산의 울산대학교, 제주도 서귀포의 탐라대학교에 대형 전파망원경과 관측동을 설치하는 사업.
전파망원경의 지름은 20m, 전파 수신 능력이 100GHz에 달하는 최첨단 전파 간섭계 망원경이다. 2007년 12월 완공을 목표로 하고 있다.

**GALEX 위성 발사 후
처음 관측한 GALEX77**

연세대학교 자외선 우주망원경 연구단

연세대학교 천문우주학과 이영욱 교수가 이 끄는 연구단. 1997년 12월 과학기술부에서 공모한 '창의적 연구진흥사업 과제'에 이영욱 교수가 '차세대 자외선 우주망원경 개발과 우주의 기원 연구' 보고서를 제출, 최우선 과제로 선정됐다. 1998년 1월에는 연세대학교 부설 연구소로 우주망원경 연구단이 발족 됐고, 4월에는 NASA와 국제 공동개발 원칙에 합의했으며 CALTECH의 우주복사연구소 내에 연구단의 해외 분소가 설치되었다. 그리고 8월에는 NASA의 공식적인 파트너로 결정됐다.

연세대학교 자외선 우주망원경 연구단은 우주천체 물리 그룹, 과학 탑재체 그룹, 우주 관측 그룹으로 나뉘는데 이영욱 단장이 맡은 우주천체 물리 그룹에서는 과학임무 연구 및 GALEX 우주망원경 관측 자료의 해석에 필수적인 은하 진화 모델의 최신 버전 개발을 맡고 있다. 애초에 GALEX 계획의 임무는 나선은하의 별 형성 연구에 한정되어 있었으나, 이영욱 단장이 자외선 은하 연령 측정법으로 거대 타원은하의 나이가 구상성단의 나이보다 30억 년이나 많은 것을 밝힌 공로가 인정돼 그 연구 분야가 나선은하뿐만 아니라 타원은하에까지 확대됐다.

GALEX(Galaxy Evolution Explorer) 자외선 우주망원경

1998년부터 우리나라의 연세대학교 자외선 우주망원경 연구단과 NASA, CALTECH의 JPL 그리고 프랑스의 LAS는 공동으로 차세대 자외선 우주망원경 계획을 추진해왔다. GALEX는 우리나라가 참여한 최초의 우주망원경 계획이라는 점에서 더욱 의미 있는 계획이다.

GALEX

그리고 마침내 2003년 4월 미국 케네디 우주센터에서 발사된 GALEX는 은하들의 자외선 영상과 스펙트럼 특성, 특히 은하에서 별 탄생의 신비, 은하의 기원과 진화 과정 등을 밝히는 임무를 띠고 있다. 별 탄생의 신비를 밝히는 데 기대를 거는 것은 비교적 파장이 짧은 자외선은 새로 태어난 아주 뜨거운 신생별에서 많이 방출되기 때문이고 은하의 기원과 진화 과정을 밝히면 거꾸로 우주의 나이를 밝힐 수 있기 때문이다.

차세대 망원경 NGST와 GSMT

허블 우주망원경이 발사되기도 전에, 즉 허블 우주

망원경이 계획 단계에 있을 때 이미 미국에서는 허블
우주망원경 이후를 대비하는 차세대 우주망원경
NGST(Next Generation Space Telescope)가 논의되었
다. 1998년부터 실질적으로 추진하기 시작해 2007년
발사 예정인 NGST는 주로 근적외선 관측을 하는 망원
경으로, 암흑 시기에 만들어진 천체를 대상으로 한다.

NGST를 적외선 전용 망원경으로 구상한 것은 적외
선 파장은 성간 흡수를 겪지 않아 손실이 거의 없고,
먼 천체로부터 오는 빛들은 심한 적색편이를 겪어 적
외선 영역에서 관측하는 것이 훨씬 유리하기 때문이
다. 또 별 탄생 영역에서 나오는 빛이 대부분 적외선
영역에 있기 때문에 별 탄생의 신비를 밝히는 데도 일
조할 것으로 보인다.

GSMT는 허블 우주망원경을 보완하는 켁 망원경과
마찬가지로, 차세대 우주망원경 NGST를 보완하기 위
해 지상에 건설하는 초대형 망원경
이다. 하와이와 칠레에 건설된 쌍둥
이 거대 망원경 제미니의 건설에 이
어 GSMT 계획에도 참여하고 있는
제미니 그룹의 광학망원경 연구원
조명규 박사의 얘기를 들어보자.

"GSMT 프로젝트는 직경 30m의

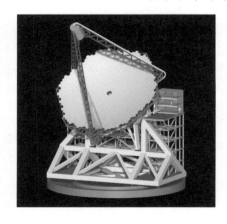

GSMT의 모형

망원경을 만드는 것이다. 제미니 망원경의 경우 지름이 8m로 서울에서 부산에 있는 달걀 두 개를 구분할 정도지만, GSMT는 서울에서 부산에 있는 한 쌍의 바퀴벌레를 구분할 수 있다. 앞으로 10년 뒤면 GSMT가 실현될 것이다."

우주의 팽창

우주가 팽창하는 현상을 설명하는 데는 건포도 빵 모델이 자주 거론된다. 건포도 빵을 만들기 위해 빵 반죽에 건포도를 넣었다고 가정해보자. 빵이 익으면서 반죽은 전반적으로 같은 비율로 팽창한다. 빵의 부피가 늘어나면서 처음에는 오밀조밀하게 모여 있던 건포도 사이의 거리 역시 점점 멀어지게 된다.

빵을 우주로, 건포도를 은하로 생각해보면 우주의 팽창이 바로 그러한 방식으로 이루어지고 있다는 얘기다. 건포도 사이를 채우고 있는 반죽이 모두 일정 비율로 팽창하기 때문에 같은 시간 동안 비교해볼 때 아주 가깝게 붙어 있던 건포도들보다 멀리 떨어져 있던 건포도들이 훨씬 더 멀어지게 마련이다. 허블이 관측한, 멀리 있는 은하들이 더욱 빨리 멀어진다는 것은 이런 건포도 빵 모델에 딱 들어맞는다.

그렇다면 은하가 이동하는 속도가 얼마나 빠르기에 인간의 눈으로, 아니 적어도 망원경으로 포착할 수 있을까? 이 물음에 대답하기 전에, 은하의 이동을 확인할 수 있는 방법을 먼저 알아보자.

모두 알다시피 지름 수백 광년이 넘는 은하라고 해도 우리 눈에는 한 점별 정도의 크기로밖에 보이지 않는다. 그나마도 아주 멀리 떨어져 있는 은하라면 망원경으로 찾아내는 것조차 쉽지 않다. 우리로부터 거리가 멀수록 은하들의 이동은 아무리 빨리 이루어진다고 해도 알아차릴 수 없을 만큼 미미할 것이다. 더구나 인간의 수명은 길게 잡아야 100년. 과학자들 개개인이 망원경에 눈을 대고 있을 수 있는 기간은 기껏해야 20~30년에 불과하다. 하지만 은하 하나가 얼마나 이동했는지를 알아내기 위해 그 20~30년을 투자할 수는 없는 노릇이다.

다행히도 방법은 있다. 바로, '적색편이'를 알아보는 것이다. 에드윈 허블이 은하의 이동, 혹은 우주의 팽창을 제기하게 된 근거가 바로 46개의 은하를 스펙트럼 촬영해보니 대부분의 은하들이 적색편이를 보였다는 사실이다. 여기에서 '대부분'이라고 한 것은 모든 은하들이 그런 것은 아니기 때문이다. 극히 일부의 은하들은 우리 쪽으로 가까워지기도 한다. 이것은 비교적 가깝게 있는 은하들 사이에 작용하는 중력 때문인데, 이는 다음 장에서 살펴볼 것이다.

초신성, 퀘이사, 그리고……

우주의 팽창은 다양한 예를 통해 확인된다. 그러나 보통의 은하들은 거리가 멀수록 발산하는 신호가 작아져서 멀어지는지 가까워지는지, 멀어지면 어떤 속도로 멀어지는지를 확인하기가 어렵다. 그런데 멀리 떨어져 있는 은하들의 후퇴를 입증시켜주는 고마운 천체들이 있다. 그 첫 번째가 초신성이다.

초신성은 태양 질량의 3배 이상 되는 천체가 별의 진화 과정에서 핵융합 반응을 마치고 중심부로부터 대폭발을 일으키는 현상이다. 별의 외층부는 초속 수만km로 흩어지며, 별 하나의 밝기가 은하에 맞먹을 만큼 밝아졌다가 1년 정도 지나면서 서서히 어두워진다. 초신성이라는 이름은 보통 때는 보이지 않던 별이 어느 날 갑자기 주위를 환하게 밝힐 정도로 밝아지면서 나타난다고 해서 붙여진 것으로, 새로운 별이라는 뜻이지만 사실 초신성은 새로운 별이 아니라 죽어가는 별이 토해내는 마지막 일성이다.

그러나 초신성 폭발 자체가 흔하지 않고, 또 드넓은 하늘에서 초신성 폭발을 발견하기가 쉽지 않은데, 옛 기록을 살펴보면 1054년의 초신성 폭발이 동서양의 기록에 공통적으로 나타나고 이후 서양에서는 1572년에 티코 브라헤, 1604년에는 케플러가 초신성을 목격한 기록을 남겼다. 그리고 1987년에는 대마젤란은하에서 초신성 폭발이 관측됐다.

이 같은 초신성 중에는 어디에 있건 절대 밝기가 일정해서 표준 촛대 Standard Candle 혹은 등대별—초신성Type 1a—로 불리는 것이 있다. 이 초신성의 겉보기 밝기와 절대 밝기를 비교하면 초신성이 얼마나 떨어져 있는지 쉽게 알아낼 수 있다. 또한 폭발할 때의 밝기는 그 별이 속한 성단이나 은하 중에서도 단연 돋보이기 때문에 아주 멀리 있어 어둡게만 보이는 천체들의 경우, 초신성이 포착되기만 하면 그 천체까지의 거리와 천체가 어떻게 이동하고 있는지를 분석해낼 수 있다.

미국 버클리 대학교 로렌스연구소의 사울 퍼뮤터는 초신성 연구를 통해 최초로 '우주는 영원히 가속팽창한다'는 사실을 밝혀낸 학자다. 그러나 그가 애초에 초신성을 연구하기 시작한 동기는 우주의 영원한 팽창을 밝히는 것이 아니라, '우주의 팽창은 언제 멈출 것인가' 하는 것이었다. 우주의 물질 분포와 만유인력 법칙에 의하면, 우주의 팽창이 점점 지연되다가 언젠가는 다시 수축하기 시작해서 모든 물질, 천체들이 충돌하는 빅

크런치가 일어날지도 모른다는 예상에서 출발한 것이다.

"10년 전부터 우주의 중력에 의해 우주의 확장이 어느 정도 지연되고 있는지를 연구했다. 우리는 이런 확장의 과정이 지연되다가 어느 순간에는 수축과 충돌이 일어날 것으로 예상했다."

사울 퍼뮤터의 얘기다. 그러나 그가 분석한 초신성 데이터에 의하면 시간이 갈수록 우주의 팽창 속도는 점점 빨라지고 있는 것으로 나타났다.

"우주가 가속팽창한다는 사실을 처음 알게 됐을 때는 분명 착오일 거라고만 생각했다. 우리는 수개월 동안 모든 계산을 전부 다시 하면서 틀린 부분을 찾아내고자 했다. 하지만 잘못은 없었고 어떠한 착오도 없었다. 우리는 그것이 사실임을 인정할 수밖에 없었다."

아주 먼 곳에서 우주의 팽창을 확인할 수 있는 또 다른 천체는 퀘이사다. 1961년에서 1963년에 걸쳐 천문학자들 사이에서는 새로운 천체를 발견했다는 보고가 줄을 잇는다. 굉장히 강한 전파를 내면서 적색편이가 심한 천체였다. 천문학자들은 처음에, 보통의 별은 그

빅 크런치 Big Crunch
우주의 물질 밀도가 어느 임계 밀도보다 크면 현재 팽창하고 있는 우주는 물질이 서로 잡아당기는 중력에 의해 언젠가 팽창을 멈추고 다시 수축해 하나의 점으로 돌아가 대함몰(빅 크런치)을 하게 된다는 이론.

정도로 강한 전파를 낼 수 없기 때문에 우리가 전혀 모르는 미지의 원소들로 조성된, 그래서 아주 강한 전파를 내는 별인가를 의심했다. 그리고 이 천체들의 적색편이는 광속의 20%나 되는 빠르기를 보였는데(적색편이가 심할수록 그것은 우리로부터 더 빨리 후퇴하고 있다는 것이고 더 빨리 후퇴할수록 더 멀리 있다는 것을 의미한다), 당시로서는 별처럼 무거운 천체가 이렇게 빨리 이동할 수는 없다고 판단하고, 우리은하 안에서 어떤 폭발이 일어나 떨어져 나온 작은 가스 덩어리가 아닐까 추측하기도 했다.

그러나 두 가지 추측은 모두 빗나갔다. 첫째, 그 새로운 천체의 원소 조성에는 특별한 것이 없었고, 강한 전파의 원인은 자외선이었다. 둘째, 이것이 우리은하 내의 폭발에 의해 흩어지고 있는 가스 덩어리라면, 우리은하가 결코 우주 안에 특별한 은하가 아니므로 다른 은하들에서도 비슷한 움직임이 있어야 하고 그것들은 상대적으로 우리은하로 다가오는 경향을 보여야 한다. 그러나 그런 천체는 없었다.

따라서 결론은 이 수수께끼의 천체가 우주 팽창의 강력한 증거라는 것이다. 우주 팽창에 의해 광속의 20%에 달하는 속도로 달아나려면, 이 천체는 우리로부터 적어도 50억 광년 이상 떨어져 있다는 뜻이며 그만한 거리에서 지구에서 보이는 만큼의 겉보기 밝기라면, 절대 밝기는 적어도 은하의 1만 배가 넘는다는 것이다. 그런데도 그 형태는 보통의 은하들과 다름없이 그저 별처럼 보일 뿐이므로 이 천체의 이름을 '별처럼 생긴 전파원Quasi-stellar radio source'을 줄인 퀘이사Quasar라고 부르게 됐다.

이후에도 퀘이사는 계속 발견되어, 지금까지 퀘이사로 분류된 천체가 수십만 개가 넘고 이 중에서 가장 멀리 있는 퀘이사는 광속의 거의 90%에 육박하는 속도로 멀어지고 있다. 퀘이사의 크기는 기껏해야 태양계 정도로, 이 안에서 태양 100억 개 분의 에너지가 발산되는 것으로 알려져 있다. 프리스턴 대학교의 천문학과 교수 제임스 건 박사는 "우리가 표본 수집한 약 100만 개 정도의 은하계들은 수십만 개의 퀘이사들을 갖고 있는데

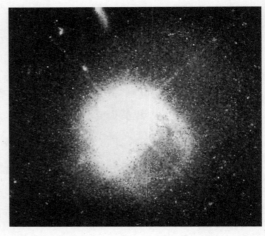

우리는 이 퀘이사들의 위치, 모습, 움직임의 속도를 정확하게 계산해낼 수 있다"고 말했다. 그는 또한 "적색편이의 수치가 높은 수많은 퀘이사들을 발견했다. 즉, 우주에서 가장 멀리 떨어져 있는 천체들을 많이 발견했다는 것"이라며 다음과 같이 말했다.

퀘이사
가장 먼 천체라고 추정되는 것. 크기는 은하보다 작으나, 어떤 것은 은하보다 100배나 더 밝게 빛나기도 한다. 이 때문에 중심부에 거대한 블랙홀이 있는 매우 활성적인 은하로 추정되기도 한다.

"우리가 발견한 퀘이사들은 매우 희귀한 것들로 전체 우주를 관측함으로써 찾아낼 수 있었다. 천체의 아주 일부분만을 관측할 수 있었던 과거에는 불가능했던 일이다. 가장 멀리 떨어져 있는 퀘이사의 적색편이 수치는 6.4였다. 즉, 이 퀘이사가 빛을 보낼 때 우주의 나이는 8억 년이었으며 그 빛이 우리에게 도달하기까지는 130억 광년이 걸렸다는 뜻이다. 우리는 우주 팽창 역사에서 가장 초창기의 천체를 보고 있는 것이다. 살

아 있는 은하계라고도 할 수 있는 퀘이사들을 통해 우리는 우주의 생성 과정이나 지금까지의 전개 과정을 알아낼 수 있다."

우리은하로부터 비교적 가까운 수십 억 년 거리의 은하들이 팽창 이동하는 것을 확인하는 것은 그리 어려운 일이 아니다. 중요한 것은, 아주 멀리 떨어져 있는 천체들이 어느 정도 거리에서 얼마나 빨리 이동하고 있으며, 그 이동 속도에 변화는 없는지를 살피는 것이다. 사정이 이렇다 보니, 우리로부터 가장 멀리 떨어져 있는 천체를 발견하는 것이 중요한 일이 되었다.

2002년, 천문학계는 한 한국인 천문학자의 발견으로 술렁거렸다. 서울대학교 천체물리학과 교수이자 미국에서 연구하고 있는 임명신 박사. 그는 동료들과 함께 130억 광년이나 되는 거리에서 아직 그 정체를 확인하지 못한 천체를 발견했다. 130억 광년이라면 지금까지 밝혀진 우주의 나이에 필적하는 거리다. 즉 우주의 가장 초기에 생성된 천체일 가능성이 높은 것이다. 임명신 박사는 이 천체에 '히어로Hero'라는 이름을 붙였다. 이 천체의 정체가 밝혀지기만 하면 우주의 진화 과정은 물론, 우주 팽창의 수수께끼를 푸는 데 있어서도 좋은 실마리가 될 것이기 때문이다. 다음은 그의 말이다.

"히어로라는 천체는 스펙트럼 상으로 너무 붉어서 보통 우리가 볼 수 있는 가시광선에서는 볼 수 없고 적외선에서만 보인다. 아주 붉은 천체인데, 그 은하까지의 거리를 적색편이로 보면, 2.4에서 크게는 10.11 정도가 될 것이다. 이 천체는 적색편이로 볼 때 최대 130억 광년까지 떨어져 있을 수 있다. 하지만 이것은 추측일 뿐, 아직 거리를 재지 못했다. 거리를 재기에는 히어로가 너무 어둡다."

초신성이든 퀘이사든 또 아주 멀리 떨어져 있는 천체든 공통적으로 확인할 수 있는 사실은 이 천체들이 모두 우리로부터 혹은 서로로부터 멀어지고 있다는 것이다.

"우리가 생각했던 것보다 빠른 속도로 은하계들이 멀어지고 있다. 결국 앞으로 1,000억 년 후에는 우리은하계의 몇 개의 별들을 제외하고는 모든 은하계 별들이 우리 시야에서 사라지게 될 것이다."

산타크루스 캘리포니아 대학교의 그렉 레플린 교수의 말이다.

이것은 어떻게 보면 비관적인 전망이기도 하다. 허블의 우주 팽창 발견을 예찬하던 허블연구소 소장 웬디 프리드먼조차 "은하들은 너무나 빨리 멀어져 우리에게 그 빛이 도달할 수 없는 거리까지 확장될 것이다. 우주는 영원히 그런 확장을 빠르게 지속할 것이고 그것은 우리가 미처 예상하지 못한 결론"이라며 당혹감을 내비친다.

그러나 우주가 팽창하고 있다는 사실은 이제 그 누구도 부인할 수 없는 사실이다. 우주론을 연구하는 안드레이 린데 박사의 말을 들어보자.

"팽창이론은 우주가 왜 이렇게 거대한가, 혹은 우주 곳곳의 모습이 왜 이렇게 유사한가를 설명해주는 유일한 이론이다. 팽창이론에 따르면 은하계의 기원은 매우 놀라운 것이다. 초창기 우주는 매우 급격한 속도로 팽창했는데 거기에는 매우 미세한 파동들이 있지만 너무 작아서 육안으로는 볼 수 없었다. 그러나 이것이 매우 급속한 우주의 팽창에 의해 거대하게 확대되면서 결국 은하계를 구성하는 물질들을 제공했다. 놀랍게도 오늘날의 이 거대한 우주는 최초의 극미한 파동들의 팽창으로부터 유래한 것이다. 이 과정을 규정하는 물리학은 우리의 물리학과는 전혀 다른 성질일 수 있다."

우주가 팽창한다는 것은 쉽게 받아들일 수 있는 현상이 아니다. 우주를 지배하는 역학에 대해 누구나 알고 있는 사실, 만유인력의 법칙이 있기 때문이다. 즉, 모든 물질은 무거운 물질이 가벼운 물질을 잡아당기는 성질이 있다. 그렇기 때문에 우리 인간이 땅에 발을 붙이고 살 수 있는 것이고, 지구가 지닌 인력, 즉 중력의 범위를 벗어나게 되면 우주 공간에 둥둥 떠다니는 우주 미아가 되는 것이다. 달이 지구의 주변을 도는 것도, 지구를 비롯한 9개 행성이 태양의 주위를 돌 수밖에 없는 것도 각각의 중력 관계 때문에 그렇다.

별을 수십만 개씩 거느린 성단, 수천억 개를 품고 있는 은하 등, 우주의 천체들이 드넓은 하늘에 골고루 흩어져 있지 않고 군데군데 뭉쳐 있는 것도 마찬가지다. 은하들 사이에도 중력이 작용해서 은하단, 초은하단을 형성하는데 어떻게 이 은하들이 멀어진다는 것일까? 만유인력과 반대되는 척력이라도 있는 것일까? 제임스 건 박사는 이 문제에 대해 이렇게 설명한다.

"중력에는 물체를 한곳에 붙잡아 두는 힘이 있다. 따라서 그러한 중력이 은하계들을 끌어당김으로써 우주의 팽창 내지는 확장이 지연될 수 있다는 가정이 가능하다. 그러나 지금까지 증명된 바에 의하면 사실은 그와는 다르다. 오늘날 우주의 확장은 오히려 가속되고 있기 때문이다. 이러한 사실은 적어도 우주 어딘가에, 반드시 반反 중력은 아닐지라도 어떤 특별한 에너지가 존재해 그것이 우주의 확장 과정을 가속화한다는 증거가 있어야 설명이 가능하다. 그에 따라 시간이 갈수록 우주의 확장 움직임이 가속화된다는 것이다. 물론 우리는 그러한 에너지가 정확히 어디서 나오는 것인지도 모르고, 관련된 이론이 정립되어 있지도 않다. 하지만 만약 이러한 가설이 사실이라면 우주는 더 빠른 속도로 확장을 지속할 것이고 종국에 가서 우주는 거대하고 텅 빈, 극도로 차가운 공간이 되고 말 것이다."

그러니까 우주가 팽창하기 위해서는 중력과는 또 다른 물리적 법칙을 가진 힘이 있어야만 가능하다는 것이다. 이 무슨 아이작 뉴턴이 무덤에서 벌떡 일어날 얘기인가? 자, 우주의 시작부터 다시 한 번 차근차근 짚어보자.

우주는 어떻게 시작되었을까?

우주가 팽창하는 원인을 알아내기 위해, 천문학자들은 우주 팽창의 필름을 거꾸로 돌리는 방법을 쓴다. 즉, 우주가 태어난 이래 계속 팽창해온 과정을 거꾸로 되짚어보면 수축의 과정을 알 수 있다는 것이다. 끊임없이 수축되면서 우주의 밀도는 높아지고 온도도 높아진다. 최초의 우주는 물질의 밀도와 온도가 무한대였던 어느 시기, 갑작스런 폭발, 즉 빅뱅과 함께 생겨난 것으로 보는 것이 정설이다.

애초 빅뱅이란 명칭은 빅뱅 이론에 반대한 영국의 천문학자 프레드 호일 Fred Hoyle이 "그 특이점이란 게 빵bang! 하고 터지면서 우주가 만들어졌단

빅뱅Big Bang
1940년대 구소련 출신의 미국
물리학자 조지 가모브George
Anthony Gamov가 제창한
이론. 허블의 우주팽창 관측에
입각해서, 최초의 우주는 하나
의 점(크기가 0, 밀도와 온도
가 무한대인 특이점)과 같은
상태였으며 이 상태로부터 대
폭발이 일어나 100억 년이 넘
는 기간 동안 현재의 우주로 발
전해왔다는 주장이다.

말이냐! 그것 참, 대단한 폭발big bang이다"며 가모브의 가설을 비웃은 데서 시작됐다. 천문학자들 중에는 극히 일부이긴 해도 아직까지 빅뱅 이론을 인정하지 않는 사람들도 있는데, 그들은 빅뱅 이론을 뒤집을 만한 새로운 이론이나 반증을 제시하지 못하고 있다.

그렇다면 반대로 빅뱅 이론을 입증하는 증거는 있을까? 대답은 yes!다. 가모브는 빅뱅으로 인해 발산된 엄청난 에너지—우주배경복사—가 점점 식어 현재는 절대 0도보다 10도 정도 높은 상태이며 이것을 측정할 수만 있다면 거꾸로 빅뱅 이론이 더욱 명백해진다고 믿었다. 그러나 당시로서는 이러한 복사에너지를 측정할 방법이 없었다.

실마리가 발견된 것은 약간은 엉뚱한 시간과 장소에서였다. 가모브가 우주배경복사를 예견한 것은 1948년인데, 그로부터 10여 년이 지난 미국 뉴저지 주 벨연구소가 바로 그곳이다. 이곳에 근무하던 아노 펜지어스Arno Penzias와 로버트 윌슨Robert Wilson은 위성통신용 전파 안테나를 전파천문학 연구용으로 개조하고 있었다. 두 사람은 그저 아주 약한 전파들을 잡아내기 위해 안테나를 손보고 있었으며, 그러기 위해서 알려져 있는 모든 전파 잡음을 제거했다. 그런데 전파 잡음을 모두 없앤 다음에도 -270°C의 온도에 해당하는 아주 미약한 복사가 남았다.

안테나의 결함은 물론, 심지어 안테나에 덕지덕지 앉은 비둘기 똥까지 의심하며 손을 써보았지만 아무리 해도 전파 잡음은 사라지지 않았다. 그때 마침 프린스턴 대학교의 로버트 디키Robert Dicke의 연구진은 거꾸로 두 사람이 없애려고 애쓰던 바로 그 잡음을 찾아내려 하고 있었다. 이들은 가모브가 예견한 우주배경복사를 다시 연구하고 있었던 것이다. 결국 펜지어스 팀과 디키 팀이 만나 공동연구에 착수했고 1965년 이들이 발표한 논문은 빅뱅에 의한 우주배경복사 발견이라는 엄청난 사고를 치게 된다. 이들은 빅뱅 이론을 입증하는 증거를 발견한 공로를 인정받아 1978년에 노벨상을 받았다.

또한 현대의 망원경 기술은 우주배경복사 촬영을 가능케 했다. 1989년 NASA에서 발사한 인공위성 우주배경복사 탐사위성 코비COBE는 빅뱅의 순간 터져 나와 지금까지 우주 내에 잔류해 있는 희미한 에너지의 증거, 즉 우주배경복사를 촬영하는 데 성공했다.

프린스턴 대학교의 천문학과 교수 데이비드 스퍼겔은 다음과 같이 말한다.

"우주배경복사는 빅뱅 이후 잔존하는 열기를 뜻한다. 그것은 우주의 나이에 해당하는 기간 동안 우리를 향해 날아온 빛이다. 우리가 가까이서 흔히 보는 별들은 지난 30년 동안 날아온 빛들이다. 은하계 주변의 별들은 기껏해야 100만 년 전의 것들이다. 그러나 우리가 보는 배경복사는 결국 우주의 역사 속에서 빅뱅이 있고 나서 30만 년에서 38만 년 사이에 최후로 충돌한 빛을 보는 것이다."

한편 우리도 우주배경복사 때문에 생기는 잡음을 일상생활 속에서 경험

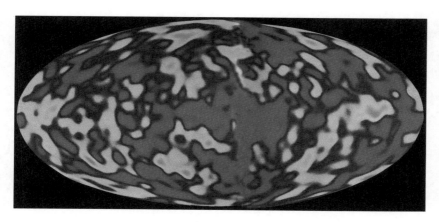

**코비가 촬영한 우주배경복사
사진**
이것은 지금까지 알려진 어떤
것보다도 오래된 우주의 구조를
나타낸다. 대략 150억 년 전에
있었을 것이라고 믿어지는 최초
의 빅뱅이 있은 후 약 100만 년
후에 우주는 온도가 균일하지
않아 어떤 부분은 다른 부분보
다 온도가 더 높았었다는 것을
나타낸다. 우주가 팽창하기 시
작하여 식어감에 따라 물질 덩
어리가 생기기 시작했다. 이러
한 밀도의 비균질성이 나중에
중력의 작용을 받으면서 더욱
커지고, 별과 은하, 은하단을 형
성하게 된다. 코비의 관측 활동
으로 알게 된 지금의 우주배경
복사는 절대 온도 2.74K에 해
당하는 마이크로파 형태로 관측
된다.

하고 있다. 쉬운 예로 텔레비전에서 방송이 없는 시간
무질서하게 지지직거리는 무늬 중 약 1퍼센트는 빅뱅
의 잔재 때문에 생기는 것이라고 알려져 있다.

이처럼 여러 가지 증거들이 나타나면서 빅뱅 이
론은 우주의 창조 과정을 설명하는 가장 믿음직스런
이론이 되었다. 프린스턴 대학교의 리처드 고트 교
수는 빅뱅 전후의 우주 상태를 이렇게 표현했다.

"처음 우주는 온도와 밀도가 매우 높은 상태였다. 또
한 팽창이론에 따르면 우주는 어떤 정점에서 시작됐다
기보다는 지름이 약 24cm 정도의 아주 작은 영역으로
시작해 차차 그 영역을 확장해나갔다고 볼 수 있다."

최초의 우주, 즉 탄생 직후 우주의 크기가 그의 말대
로 24cm였다면 그전에는 어땠을까? 즉, 빅뱅 이전에

는? 궁색한 답처럼 들리겠지만, 최근 천문학자들 사이에서는 빅뱅 이전의 상태가 '무無'였다고 주장하는 사람도 나오고 있다. 어쨌든 대폭발이라는 어마어마한 사건을 통해 태어난 우주. 그다음 과정은 어떻게 진행되었을까. 핵물리학자들은 온갖 방법을 동원해, 당시의 상황을 추론했다. 학자들마다 수치가 조금씩 다르지만 대략적인 내용은 다음과 같다.

■ 우주 시간 10^{-43}초

온도는 절대 온도 $10^{32}K$(절대온도 $0K = -273°C$), 우주는 극히 작은 점에 불과했다.

시간과 공간이 탄생한다.

아직 원자는 생겨나지 않았지만 초기의 폭발 에너지가 들끓는 상태다.

■ 우주 시간 10^{-32}초

초팽창으로 우주 공간이 급속하게 확장했고 온도도 더 내려갔다.

최초의 소립자들이 나타났고, 쿼크(물질의 기본 구성 입자)와 전자(전기를 띤 입자), 중성미자(질량이 거의 없으며 전기적으로 중성인 입자)로 된 우주는 광자(빛의 입자)로 가득 찼다.

■ 우주 시간 10^{-6}초

우주는 거의 태양계와 맞먹는 크기가 되며 온도는 절대 온도 10조K. 강한 핵력이 작용하여 쿼크가 3개씩 합쳐 양성자와 중성자를 형성하기 시작한다.

다시 강력한 힘이 작용하여 양성자와 중성자가 합쳐진다.

수소의 핵(1개의 양성자)들이 결합하여 3분 후에는 헬륨의 핵(2개의 양성자와 2개

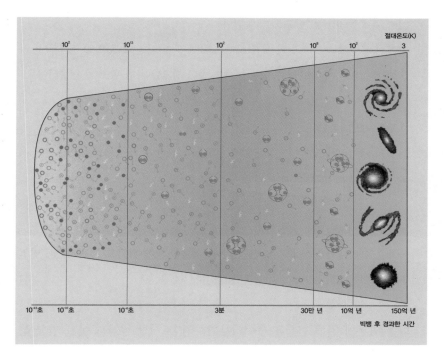

우주의 탄생도

의 중성자)이 생겨난다.

■ 우주 시간 3분~30만 년

온도는 절대 온도 1만K. 우주의 온도가 극히 낮아지자
전자의 에너지가 낮아져 가벼운 원자핵이 전자를 붙잡아
원자를 형성하기 시작한다.

전자가 수소핵에 결합하여 수소 원자를 만들어내고, 두
개의 전자가 헬륨 핵에 결합하여 헬륨 원자가 출현한다.
이 과정을 통해 전자는 더 이상 광자들의 순환을 막을 수 없고, 우주는 비로소 빛을 가지게 된다.

따라서 우주에 최초로 빛이 생긴 시기는 빅뱅 후 30만 년 즈음으로 추측된다. 인간이 관측을 통해 확인할 수 있는 단계는 빛이 생겨난 빅뱅 후 30만 년부터다.

■ 우주 시간 10억 년
물질의 덩어리가 퀘이사, 항성, 원시 은하를 형성한다. 항성들이 무거운 원자핵을 합성하기 시작한다.

■ 우주 시간 150억 년
새로운 은하들이 항성 주위로 밀집한 태양계들과 함께 생성된다. 원자들이 연결되어 생명형태의 복잡한 분자들을 형성한다.

빅뱅 직후의 진행 과정을 들여다보면, 우리로서는 상상도 못할 만큼 짧은 시간에 우주 창조라는 대 역사가 벌어졌다. 10^{43}분의 1초니 10^{34}분의 1초니 하는 것을 과연, 잴 수나 있을까. 이것은 우리가 아는 가장 짧은 시간의 표현인 '순식간에' 혹은 '눈 깜짝할 사이에'라는 말로도 언감생심, 다가갈 수 없는 시간이다. 우주 시간 3분이라고 해도, 150억 년이라는 우주의 나이에 비하면 표현이 부족하기는 마찬가지다. 그러나 이 짧은 시간 동안 우주는 그야말로 어마어마하게 커져버렸다. 즉 엄청나게 팽창했다. 크기를 말할 수 없을 만큼 작았던 우주가 10^6분의 1초 만에 지금의 태양계만 해졌으니 말이다. (데니스 오버바이Dennis Overbye에 따르면 우주는 탄생 직후 10^{34}초마다 그 크기가 두 배로 늘어나면서 정신없이 팽창하기 시작했다. 그런 팽창은 10^{30}초 이내에 끝나버렸지만 그 결과 손바닥에 들어갈 정도였던 우주가 무려 10^{25}배로 커졌다.)

한술 더 떠서 그랙 레플린 박사는 이렇게 말한다.

"앞으로 어마어마한 시간 이후의 미래에도 우주가 유지되고 누군가 생존해 있다면, 지금 우리가 살고 있는 이 시대가 바로 대폭발(빅뱅)의 일부일수 있다. 미래와 비교하면 지금의 밀도나 온도가 훨씬 높기 때문이다."

그렇다면 우주 팽창이란 빅뱅의 가공할 만한 폭발력 때문에 150억 년이지난 지금까지 계속되고 있는 것인가. 그렇지 않다. 빅뱅의 영향을 직접적으로 받은 팽창은 불과 빅뱅 후 1초 미만의 시간 동안 우주가 지금의 태양계정도로 커진 것이다. 그런 이후에도 우주는 계속 확장되어왔다.
허블연구소의 웬디 프리드먼 소장의 얘기를 들어보자.

"폭탄이 폭발하면 중심으로부터 모든 것이 터져 나간다. 그러나 우주의경우는 그와 차원이 다르다. 전 우주가 확장되고 있기 때문이다. 뭔가를 향해 확장 또는 팽창하는 것이 아니다. 즉, 우주 전체가 확장하고 있다. 우주의팽창에는 그 중심도, 끝도 존재하지 않는다."

자, 어렵게 우주의 기원까지 거슬러 올라가 봤지만 다시 문제의 원점으로 돌아왔다. 빅뱅의 여파로 생긴 팽창도 아니라면, 우주를 팽창시키는 힘의 근원은 무엇인가?

잃어버린 질량, 암흑물질

우주 팽창의 원인을 찾던 중, 천문학자들은 우주에 존재하는 물질의 질량과 중력 사이에서 이상한 점을 발견했다.

천체들의 운동을 규정하는 것은 중력이며 중력은 물질의 질량에 따라 결정된다는 것은 누구나 아는 사실이다. 그런데 은하들이 나타내는 움직임 즉 중력의 크기에 비해 물질의 양이 훨씬 적다는 통계가 나왔다. 천체의 움직임을 설명하기 위해서는 현재 관측되는 물질보다 더 많은 물질이 존재해야 한다는 것이다. 이 수수께끼를 처음에는 '잃어버린 질량Missing Mass'이라고 불렀다. 지금은 뭔가 우리가 모르는, 보이지 않는 물질이 있다는 뜻에서 '암흑물질Dark Matter'이라고 부른다.

천문학자들은 우리가 알고 있는 모든 원자는 우주를 구성하는 물질의 10%(이 수치는 학자마다 차이가 있다)에도 미치지 못하며, 나머지는 암흑물질로 구성되어 있는 것으로 보고 있다.

제임스 건 박사는 암흑물질을 다음과 같이 설명한다.

"우리의 은하계와 다른 은하계들에는 수소나 헬륨, 탄소, 철과 같이 우리가 익히 알고 있는 물질들 이상의 것들이 존재한다. 실제로 그런 은하계들에는 우리가 계산할 수 있는 물질들보다 7배는 더 많은, 다양한 물질들이 존재하고 있다. 우리는 그것을 암흑물질이라고 부른다. 물론 그것의 정체는 아직 모른다. 현재로서는 전혀 새로운 입자라는 것이 가장 근접한 가설이다."

또한 프린스턴 대학교에서 암흑물질을 연구하는 데이비드 스퍼겔은 암흑물질을 '아원자 입자' 이론으로 설명한다.

"우리는 암흑물질의 정체를 알아내기 위해 연구하고 있는데 가장 근접한 이론은 그것이 새로운 형태의 아원자 입자Subatomic Particle일 것이라는 추측이다. 그것은 우리가 알고 있는 일반적인 물질들과는 아주 소극적으로 상호 작용을 할 뿐인데 어느 정도냐 하면, 그와 같은 수백만 입자들이 매 초마다 내 손바닥에 닿는데도 우리는 그것을 느끼지 못한다. 대부분은 손바닥을 곧바로 통과하기 때문이다. 내 손의 미세한 원자 하나가 그에 대해 아주 극미한 에너지를 발생시킬 뿐이다. 하지만 그 강도가 너무 미세해서 지각하지 못하는 것이다. 물리학자들은 지금은 버려진 지하 금광을 이용해 이러한 입자들을 찾아내는 실험을 하고 있다. 그런 장소에서는 태양이나 외부의 모든 영향이 차단되어 있어서 암흑물질을 찾아내기 위한 아주 정밀한 실험이 가능하기 때문이다."

천문학자들의 연구 결과 암흑물질도 중력의 지배를 받는 것으로 알려졌다. 데이비드 스퍼겔 박사에 의하면, "암흑물질은 다른 원자들과 마찬가지로 만유인력으로 상호 작용을 한다. 사실 우주의 차원에서 보면 우리가 아는 원자가 중력에 작용하는 비율은 겨우 4%에 지나지 않는다. 나머지 23%는 암흑물질에 의한 것이고 그 나머지 73%는 암흑에너지Dark Energy의 지배를 받는다. 우리가 알고 있는 거라고는 우주의 4%에 불과한 원자에 대한 것이 전부인 셈이다. 나머지 96%는 우리가 알 수 없는 신비로운 어떤 물질, 혹은 힘의 지배를 받는다"고 한다. 암흑에너지라니, 이건 또 무슨 얘기인가?

암흑에너지, 그리고 진공에너지

다시 데이비드 스퍼겔 박사의 얘기를 들어보자.

"지난 15년간의 연구는 우주의 확장 혹은 팽창이 중력에 의해 그 속도가 감소되는 것을 확인하기 위한 것이었다. 그러나 놀랍게도 우리가 발견한 건 이런 확장의 속도는 중력에 의해 감소되는 게 아니라 오히려 가속되고 있다는 것이었다. 바로 이 때문에 대부분의 천문학자들은 우주가 암흑에너지로 가득 차 있다는 사실을 믿게 된 것이다."

암흑물질과 암흑에너지는 다른 개념이다. 말 그대로, 우리가 아는 모든 물질을 뺀 나머지, 미지의 물질이 암흑물질이고 그것과는 별개로 우주를 팽창시키는 미지의 힘은 암흑에너지다. 아직은 그것들이 무엇으로 이루어졌는지, 어떤 원리로 생성되었는지가 밝혀지지 않았기 때문에 '암흑'이라는 표현을 쓰는 것이다.

이 암흑에너지의 정체를 밝히는 과정에서 강력하게 제기되는 것이, 진공에너지다. 즉 아무것도 없다고 생각되는 진공 상태로부터 발생하는 에너지다.

구소련 출신의 안드레이 린데 박사는 이렇게 말한다.

"일반적으로 진공이라 하면 속이 텅 비어 있는 상태로 에너지가 전혀 존재하지 않는 것으로 생각하기 쉽다. 그러나 진공 상태는 극미한 양자들의 파동들로 가득 차 있다. 이들 파동들이 나타났다가 사라지면서 진공 상태에 에너지를 주는 것이다. 복잡한 계산을 통해 도출된 결론은 이 진공에너지가

0보다는 훨씬 크다는 사실이다."

그는 진공 상태의 미세한 파동이 에너지를 발생시킨다고 하며 이 진공에너지가 우주의 팽창에 있어 두 단계에 걸쳐 중요한 역할을 했다고 말한다. 즉, 빅뱅이 있기 전의 초창기 팽창이 그 첫 번째이고 두 번째는 빅뱅 후 지금까지 보편적인 우주 확장이다. 그러나 빅뱅 후의 진공에너지는 오히려 빅뱅 이전의 에너지보다 훨씬 작은 것이라고 한다. 또한 어떤 학자들은 진공에너지가, 우리가 아는 진공 상태 외에도 그보다 더 낮은 진공 상태가 있어서 그 차이만큼의 에너지가 발생한다고 설명한다.

진공에너지가 어떻게 해서 생겨나는지는 확실히 알 수 없지만, 분명한 것은 공간이 확대될수록 밀도가 낮아지는 물질 분포와 달리 진공에너지는 공간이 확대되면 확대된 공간만큼 늘어난다는 것이다. 그렇기 때문에 공간이 팽창할수록 진공에너지는 더욱 커지고, 만약 진공에너지가 척력을 가지는 주범이라면 공간이 커질수록 팽창 속도는 더더욱 가속화된다는 결론이 나온다. 우주의 에너지에 아이작 뉴턴이 밝혀낸 중력 에너지 외에도 척력 에너지가 있다면 점점 가속되는 우주 팽창도 설명이 된다는 것이다.

아인슈타인의 우주상수=진공에너지?

아인슈타인은 이미 일반상대성 이론을 통해 아이작 뉴턴의 중력 이론을 업그레이드한 바 있다. 일반상대성 이론에 의하면, 우주의 시간과 공간은 직선적이며 고정불변한 것이 아니라 가변적인 것이다. 따라서 무거운 물체

(천체)—중력이 큰 물체—는 주변의 시간과 공간을 휘어지게 해서 빛의 경로 또한 휘어지게 한다. 1919년, 개기일식이 일어났을 때 태양의 중력에 의해 별빛이 휘어지는 것으로 일반상대성 이론은 확실하게 검증이 됐으며 이후 아주 먼 천체로부터 빛이 날아오는 동안, 중간에 있는 무거운 천체들에 의해 휘어지는 '중력렌즈 효과'로도 여러 번 확인되었다.

아인슈타인은 일반상대성 이론을 통해 우주의 상태를 설명하는 우주방정식을 만들기로 했다. 그런데 천재 아인슈타인도 쉽게 뛰어넘을 수 없는 벽이 있었으니, 우주는 고정불변한다는 당시의 통념이었다. 자신

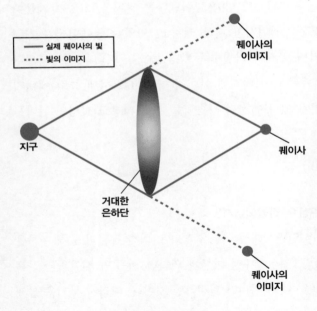

---- 실제 퀘이사의 빛
····· 빛의 이미지

퀘이사의
이미지

지구

거대한
은하단

퀘이사

퀘이사의
이미지

중력렌즈 효과
지구로부터 아주 멀리 떨어진 아주 밝은 물체, 이를테면 퀘이사를 상상해보자. 만약 지구와 퀘이사 사이에 아무것도 없다면 우리는 퀘이사의 한 가지 이미지만을 보게 된다. 그러나 거대한 은하단이 그 사이에 가로막고 있다면, 은하단의 중력장에 의해 퀘이사에서 방출되는 빛은 휘어지게 되며 그림에서와 같이 우리는 두 개의 퀘이사 이미지를 보게 될 것이다. 즉 은하단이 마치 렌즈처럼 작용하여 멀리 있는 퀘이사의 이미지를 새로운 위치로 분산시키게 되는 것이다.

아인슈타인(왼쪽)과
허블(가운데)

의 일반상대성 이론으로
계산한 결과가, 우주는 수
축하거나 팽창해야 한다
고 나오자 아인슈타인은
우주를 고정불변한 것으
로 만들기 위해서 자신의
우주방정식에 상수항을
넣은 것이다. 물론, 이 상
수항은 불필요한 것이었다. 그로부터 몇 년 뒤, 허블이
우주 팽창을 관측하자 아인슈타인은 우주방정식에 넣
은 우주상수가 크나큰 실수라며 후회했다고 한다.

그런데 오늘날에 이르러서는 아인슈타인의 우주
상수가 거꾸로 우주의 팽창을 입증하는 또 다른 에
너지의 표현일 수 있다는 지적이 나오고 있다.

데이비드 스퍼겔의 설명을 들어보자.

"아인슈타인은 매우 명석한 인물이었고 그와 같은 잘
못된 관점까지도 위대한 것이었다. 나중에 그가 제시한
우주상수는 물론 그가 생각한 그대로는 아니지만 어떤
형태로든 존재할 가능성이 충분히 있다는 사실이 밝혀
졌기 때문이다. 바로 이 우주상수를 텅 빈 우주 공간과
관련된 에너지로 생각해볼 수 있다. 물리학자들은 이것
을 진공에너지라고 부른다. 즉, 진공에너지와 우주상수

는 똑같은 뜻이라고 할 수 있다. 바로 이것이 우주 팽창을 가속화시킨다."

일반상대성 이론에 의한 계산만으로 현재의 우주 상태를 설명할 수 없으므로 우주상수를 덧붙인 것이 바로 지금 천문학자들이 찾아내려고 애쓰는 미지의 척력 에너지, 즉 진공에너지가 아닌가 하는 것이다. 계속해서 스퍼겔의 설명이다.

"우주의 팽창은 결국 일반상대성 이론의 가장 기본적인 전제라고 할 수 있다. 일반상대성 이론은 두 가지 관점에서 출발하는데, 하나는 어떤 물질이 우주의 시공간을 왜곡시킨다는 것이고 다른 하나는 이렇게 왜곡된 우주가 물질을 움직인다는 것이다. 따라서 일반상대성 이론이 내릴 수 있는 단 두 가지의 결론은 우주는 확장하지 않으면 축소한다는 것이다."

어쨌든 우주가 팽창한다는, 시간이 갈수록 가속 팽창해왔다는 것은 의심할 수 없는 사실로 받아들여지고 있다. 앞으로도 계속 속도를 높여가며 팽창하고 모든 은하와 은하단들이 서로 멀어질 것이라는 것 또한 불 보듯 뻔한 사실이다. 웬디 프리드먼의 얘기를 들어보자.

"은하계는 점차 더 빠른 속도로 확장해 나갈 것이다. 앞으로 100억 년쯤 후에는 우주의 별빛이 모두 사라지고, 가장 근접해 있는 은하계만 간신히 관측할 수 있을 정도로 우주의 범주는 어마어마하게 확장될 것이다. 우주는 그런 확장을 빠르게, 그리고 영원히 지속할 것이다."

결국 우주는 거대하지만 텅 빈, 아주 차가운 공간으로 남게 된다는 얘기다. 우주의 끝을 묻는 것조차 무의미할 만큼 무한대로 커질 것이다. 밀도는 현저하게 떨어져 묽은 죽만도 못한 상태가 될 것이다. 그때는 별의 생성도, 은하의 진화도 극히 드문 일이 되고 아무런 생로병사의 느낌도 없이 '존재' 그 자체만 지속되는 것이다. 살아 있되 죽어 있는, 불로불사하지만 무미건조한 삶 때문에 괴로워하는 드라큘라와도 같은 상태가 된다.

물론 이 책을 읽고 있는 독자들이 살아 있는 동안 벌어질 일은 아니다. 웬디 프리드먼의 얘기대로라면 우주의 미래는 참으로 암울하다. 이러한 전망에 대해 사울 퍼뮤터 박사는 이렇게 위로한다.

"그렇게 본다면 우주의 미래는 매우 비관적일 수도 있다. 반면 지금 우리는 모든 은하계를 한눈에 볼 수 있는 흥미로운 시대에 살고 있고 우주에 대해 많은 것을 새롭게 배우고 있다. 우리가 보고 있는 우주를 얼마든지 연구해나갈 수가 있기 때문에 지금 우리는 매우 흥미로운 시간을 살고 있는 셈이다."

우주의 종말

만약 우주의 끝이 있다면, 그 경계 너머에는 무엇이 있는가 하는 물음이 가능하다. 우주의 빅뱅 이전에는 무엇이 있었는가 하는 물음도 있을 수 있다. 마치 대답 없는 메아리처럼, 우주에 관한 질문은 끝이 없는데 확실한 답을 알 수 있는 것은 거의 없다. 어쩌면 우주의 끝, 그 너머와 우주의 시작, 그 이전에 대한 물음은 우문일지도 모른다. 우주는 그 자체가 시작이고 끝이기 때문에 그 경계가 있을 수 없고, 그 너머에는 무엇이 있을 수도 없다. 있다 하더라도 우리로서는 알 방법이 없다.

우주의 끝은 어디인가라는 물음에 대해, 그 '끝'이 공간적 의미라면 현재까지 들을 수 있는 대답은 허무하게도 우주가 계속 팽창하고 있기 때문에 '끝이 없다'는 것이다. 다만 우주가 계속 팽창해서 적막한 공간이 되어가는 동안 인류의 삶은 어떻게 될 것인가를 따져보는 편이 '우주의 끝'을 묻는 질문보다 합당할 것이다. 우주를 탐구하고 그 섭리를 이해하려 애쓰는 인류의 삶이 끝날 때, 우주도 끝날 것이기 때문이다.

따라서 이번 장에서는 지금까지와는 다른 '우주의 끝'을 찾아보려고 한다. 바로 어떤 형태로든 인류가 우주 안에서 사라지는 때를 말이다. 핵전쟁이나 이상 기후와 같은 인간의 부덕함과 경솔함으로 초래될 수 있는 멸망은 경우의 수에서 제외하자. 순전히 우주의 천체 현상에 의해 생길 수 있는 인류의 종말에 대해 알아보기로 한다.

우주의 대형 교통사고, 은하 충돌

우주 안에서도 교통사고가 벌어진다. 우주의 팽창에도 불구하고, 은하들의 궤도 운행과 팽창 방향에 따라 접근하는 은하들이 생기고, 서로의 중력 관계에 따라 가볍고 작은 은하가 무겁고 큰 은하에 끌려 들어간다. 은하들끼리 부딪치는 것이다.

지켜보는 입장에서 본다면 은하 간의 충돌은 우주에서 가장 웅장한 사건이다. 초신성 폭발과는 비교가 안 된다. 그도 그럴 것이 1,000억 개 이상의 별을 품고 있는 은하, 그 지름이 수십만 광년이나 되는 은하들이 충돌한다고 생각해보라. 은하들이 스쳐 지나가는 정도가 아니라 정면으로 충돌했을 때는 더욱 극적인 일이 벌어진다.

충돌을 일으킨 두 은하는 급격한 중력장의 변동을 일으켜 모양이 심하게 뒤틀어지고 심지어 일부 별들이 우주 공간으로 흩어져버리는 일이 일어날 수도 있다. 천문학자들의 계산에 따르면 한 은하가 다른 은하와 충돌할 확률은 10조 년에 한 번 정도이다. 하지만 우주에는 1,000억 개가 넘는 은하가 있다는 것을 감안하면 어떤 은하가 다른 은하와 충돌할 확률은 100분의 1정도가 되기 때문에 무시할 수 없는 일이다. 한 사람이 일생 동안 교통사고로 사망할 확률보다 커진다. 은하가 밀집한 은하단에서는 이러한 확률이 더욱 커져서 모든 은하들이 자기 수명 내에 충돌 사고를 일으킬 가능성이 50% 이상 된다.

천문학자들에 의해 실제로 은하들의 충돌 장면이 관측되었다. 이명균 박사의 설명이다.

"1990년대, 허블 우주망원경을 통해 관측해보니 아주 먼 우주로 갈수록

굉장히 많은 은하들이 서로 충돌하고 있거나 오래전에 충돌한 흔적을 보였다. 그리하여 이 우주에는 은하의 충돌이 아주 빈번하게 발생하는 현상이란 걸 알게 되었다."

천문학자들이 까마귀자리에서 발견한 충돌 은하에 대해 컴퓨터로 시뮬레이션하여, 충돌 장면을 재현하자 하나의 나선은하가 다른 나선은하와 수직으로 충돌하면 이런 결과가 나온다는 것이 확인됐다.

페가수스자리의 은하는 나선은하와 작은 은하가 충돌한 뒤 고리 모양의 은하가 되었다. 현재 두 은하는 25만 광년 이상 떨어져 있는데 수레바퀴은하의 가장자리에서 엄청난 충격파가 팽창하고 있다. 이 충격파에

충돌 은하
페가수스자리 방향으로 6억 5,000만 년 거리에서 관측된 수레바퀴은하. 원래 나선 모양이었던 은하의 중앙을 작은 은하가 관통하며 지나간 것으로 보인다.

충돌 은하
페가수스자리 방향으로 6억 5,000만 년 거리에서 관측된 수레바퀴은하. 원래 나선 모양이었던 은하의 중앙을 작은 은하가 관통하며 지나간 것으로 보인다.

의해 밝고 무거운 별들이 급격히 생성되고 있다.

그러나 이 무거운 별들은 수명이 짧아서 곧 초신성으로 폭발하게 될 것이다. 실제로 이러한 은하에서는 초신성 폭발을 일으키는 별들의 수가 100배 정도로 증가한다는 통계가 은하 충돌이 얼마나 격렬한 사건인가를 말해주고 있다.

불행 중 다행인 것은, 은하를 얇은 원반에 비유하기는 했지만 실제의 은하가 그렇게 원반면을 가지는 것은 아니라는 사실이다. 은하를 구성하는 공간은 대부분이 빈 공간이

충돌 은하 NGC 5278-9

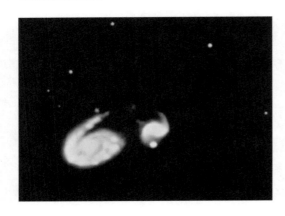

다. 별과 별 사이는 평균 3광년이나
되기 때문에 은하가 충돌한다고 해
서 각각 1,000억 개씩, 2,000억 개
의 별들 사이에 충돌 사고가 일어날
가능성은 거의 없다. 이 문제에 관해
이명균 박사의 얘기를 들어보자.

충돌 은하 NGC 6745
우리로부터 2억 광년 떨어진 곳
에 있다. 수억 년 전부터 충돌하
고 있는 은하다. 사진에는 보이
지 않지만 은하의 우측 아래쪽
에는 이 은하로부터 멀어져 가
는 작은 은하가 있다. 사진의 은
하는 원래 나선은하였지만 충
돌로 이상한 모양이 되었다. 별
들이 직접 충돌하는 일은 없었
겠지만 성간운의 기체와 먼지
그리고 자기장은 직접 충돌했
을 것이다. 실제로 우측 아래쪽
에 보이는 큰 은하에서 떨어져
나온 기체 덩어리에서 별이 형
성되기 시작하는 것이 보인다.

　"은하란 별이 수천억 개가 모여 있는 거대한 항성계
인데, 이 은하들도 충돌한다. 사람끼리 충돌하면 아프
기도 하고 멍들기도 하지만 은하는 고체가 아니라 굉
장히 많은 별들이 성기게 모여 있는 것이기 때문에 충
돌하는 현상이 달라지게 된다. 즉 은하들은 별과 별 사
이의 거리가 멀기 때문에 두 개가 완전히 합쳐져서 보
인다고 하더라도 서로 얽혀 있을 뿐이지, 직접 충돌하
는 경우는 거의 없다. 그런데 이렇게 가까워질 경우에
는 비록 별과 별이 부딪치지는 않더라도 그 사이에 중
력이 강하게 작용하기 때문에 은하의 모양에 여러 가
지 변화가 생기게 된다. 처음에 나선팔을 가진 은하가
충돌하면 나선팔이 없어지면서 타원은하가 되거나 혹
은 나선팔이 길게 늘어지는 올챙이은하가 되거나 하는
식으로 다양한 모양으로 바뀌게 되고 또한 은하가 충
돌하면 성간 물질들 역시 중력의 영향을 받아 뜨거워
지거나 충격을 받아 많은 별들이 새로 생겨나게 된다."

물론, 은하충돌은 지금보다는 먼 과거의 우주에서 더욱 빈번했던 사고다. 그렇다고 해서 우리와 전혀 무관한 것도 아니다. 아주 길게 본다면 우리은하, 그리고 우리 인류의 장래와 운명에도 밀접한 관계가 있다. 우리은하에서 가장 가까운 나선은하인 안드로메다은하는 우리은하 쪽으로 굉장히 빨리 다가오고 있다. 그 속도가 무려 초속 300km나 된다. 안드로메다은하와 우리은하 사이의 거리는 230만 광년, 초속 300km의 속도라면 앞으로 70억 년 후에는 우리은하와 안드로메다은하가 충돌하게 된다. 우리 인류가 은하계를 떠나지 않는 한 불 보듯 뻔하게 예상되는 재해다.

안드로메다은하와 우리은하가 충돌할 경우 여러 가지 천체 현상들을 예측할 수는 있지만, 그것이 우리은하계 안에서도 변방에 위치한 태양계와 태양계 안의 세 번째 행성인 지구에 직접적으로 어떤 영향을 미칠지는 지금으로서는 알 수 없다. 그런데 안드로메다은하와의 충돌까지 남은 시간은 70억 년인데, 그전에 다른 위험 요소는 없을까.

우주의 식인종, 블랙홀

한때는 우리은하 중심에 존재하는 블랙홀이 태양계, 혹은 지구를 삼켜버리지 않을까 하는 불안감이 떠돈 적이 있다. 물론 천문학자들 사이에서가 아니라 블랙홀에 심취한 공상가들 사이의 얘기다.

별의 일생 중, 태양 질량의 2.5배 이상 되는 것은 초신성처럼 폭발하거나 외부층을 날려버리는 데 그치지 않고 엄청난 힘으로 내부를 향해 응축한다. 이렇게 해서 생겨나는 것이 중성자별Newtron star과 블랙홀Black hole이다.

중성자별은 질량이 태양의 2.5배까지 되는 별이 초신성 폭발을 일으킨

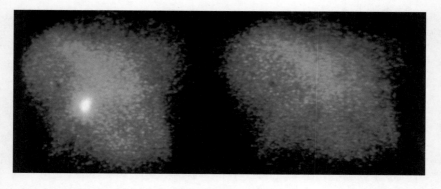

중성자별

뒤, 남은 질량이 너무 커서 내부 압력에 의해 붕괴된 전자들과 양성자가 융합, 하나의 거대한 중성자 덩어리가 되는 것이다. 그 별의 밀도는 숟가락 한 개 정도의 부피가 최대 1억 톤까지 된다. 또한 중성자별은 자체의 중력을 이겨내기 위해 엄청나게 빠른 속도로 회전하는데, 1054년에 초신성 폭발한 게성운의 중심부에서 발견한 중성자별은 1초에 30회가량 회전하고 있다. 가장 빠른 것은 0.0016초에 한 번씩 회전하는 것도 있다. 이 때문에 처음 중성자별을 발견했을 때는 수수께끼의 천체로부터 주기적인 전파가 감지된다고 해서 펄서Pulsar—맥동성—라고 부르기도 했다.

별의 질량이 태양의 20배 혹은 30배 이상 되는 경우는 아예 중력이 무한대로 돼서 숟가락 한 개 정도의 부피가 수억 톤의 질량을 가지는 블랙홀이 된다. 그럴 일은 없겠지만 지구가 만약 블랙홀이 된다면 직경 1cm 미만의 크기에 그 질량 그대로 압축되는 격이다. 태양이라면, 직경이 2.5km에 불과하게 짜부라져야 한다. 엄청난, 그야말로 무한대라고밖에 설명할 수 없는 중력의 크기 때문에 주변의 물질은 물론 빛까지도 흡수하는 것이다. 남는 것은 심하게 휘어진 공간과 질량뿐이다.

블랙홀 이론을 처음 제기한 사람은 영국의 저명한 지질학자이자 목사인 존 미첼John Mitchelle과 프랑스의 천문학자이자 수학자인 라플라스Pierre Simon de Laplace이다. 미첼은 1783년 영국학술원에서 '어두운 별dark stars'의 존재를 피력했다. 라플라스 역시 1789년에 물리적 법칙, 즉 중력의 법칙에 의해 이 우주에는 빛조차 빠져나갈 수 없게 하는 천체가 있을 수 있다고 예견했다. 그러나 여느 선각자들의 이론이 그렇듯이 라플라스의 '빛조차 탈출하지 못하는 천체' 이론은 과학자들 사이에서 무시당하다가 20세기 초에 들어서야 인정받게 되는데 바로 아인슈타인의 상대성 이론에 의해서다. 빛이 중력에 의해 휘거나 흡수될 수 있음을 이론적으로 증명한 것이다.

이어서 미국의 천문학자 휠러J. Wheeler는 아인슈타인이 예언한 새로운 천체를 '블랙홀'이라고 부르기 시작했다. 휠러가 '블랙홀'이라고 부르기 전까지만 해도 이 수수께끼의 천체는 '중력적으로 완전히 붕괴한 어떤 존재'로 불렸다. 사실상 개념을 설명할 뿐 이름이라고 할 수 없는 것이었다. '어떤 경계─'사건 지평선'─를 넘어 일단 그 내부로 떨어지면 우주 안의 그 어떤 것도 그곳을 빠져나갈 수가 없다. 빛조차 탈출할 수 없는 암흑의 세계……'라는 것이 블랙홀이라는 이름을 갖게 된 이유다.

지금까지 알려진 블랙홀 형성 이론에는 두 가지가 있다. 첫째는 앞에서 말한 것과 같이 태양보다 훨씬 무거운 별이 진화의 마지막 단계에서 강력한 수축 현상으로 생긴다는 것이고, 둘째는 빅뱅의 순간 우주의 물질들이 크고 작은 덩어리로 뭉치면서 블랙홀이 무수히 생겨났다는 것이다. 이렇게 우주

대폭발의 힘으로 태어난 블랙홀을 원시原始 블랙홀이라고 한다. 원시 블랙홀 중에는 태양 질량의 30억 배에 달하는 거대한 것과 빅뱅 후 플랑크 시간 즉 10^{-43}초라는 아주 짧은 시간 동안 심한 충격파에 의해 생겨난 미소 블랙홀이 있다. 스티븐 호킹에 따르면 이 미소 블랙홀은 크기가 10^{-37}cm쯤이고, 질량이 10^{-11}g 정도로 아주 작은 것들이며, 시간이 지남에 따라 질량을 잃고 증발한다고 한다.

사건 지평선

특이점

사건 지평선Event Horizon
블랙홀의 중력의 영향을 받기 시작하는 어떤 경계. 즉, 블랙홀에 운명을 맡기게 되는 중대한 사건의 지평선이 되는 것이다. 우리로서는 이 지평선 너머에서 무슨 일이 벌어지는지 알 수 없다. 이 지평선을 넘은 우주 물질, 입자들이 어떻게 되는지도 알 수 없다. 물리학자들의 계산에 의하면 태양 질량의 10배의 질량을 가지고 있는 블랙홀의 사건의 지평선 지름은 60km 정도라고 한다. 이 사건의 지평선 지름은 질량에 비례하기 때문에 태양 질량의 5배의 질량을 가진 블랙홀의 지평선 지름은 30km 정도로 추산한다.
위 그림은 블랙홀의 강한 중력 때문에 시공간이 휘는 모습을 나타낸다. 블랙홀의 중심에는 밀도가 무한대가 되는 특이점이 발생한다.

스티븐 호킹은 1975년 자신의 논문에서 거대 질량이 수축·붕괴해 생성되는 '무한히 작은 점'인 블랙홀에는 엄청난 중력이 존재해 주위의 모든 것을 빨아들여 파괴하므로 블랙홀에서는 그 구조나 역사에 대한 어떤 정보(물체가 지닌 질량, 전하, 위치, 속도, 가속도 등 각종 자연현상적인 정보)도 얻을 수 없다는 것을 순수한 수학적 계산을 통해 입증했다. 그는 당시 블랙홀 중력의 가장자리(사건 지평선)에서 '호킹 복사'라는 에너지 방출이 일어나 블랙홀은 결국 질량을 잃고 소멸한다고 주장했다. 하지만 이 이론은 양자역학 진영으로부터 끊임없는 공격을 받아왔다. 호킹의 이론은 '정보는 완전히 소실될 수 없으며 모든 과정은 되돌릴 수 있는 가역성을 지닌다'는 양자역학의 기본과 모순되기 때문이다. 이에 대해 호킹은 극도로 강한 중력장이 양자역학을 따르지 않는 '특별한 자연현상'을 만들어낸다고 반박해 왔으나 2004년 7월 21일 아일랜드 더블린에서 열린 '제17차 일반상대론 및 중력에 대한 국제학회'에서 발표한 새 연구 논문을 통해 블랙홀이 빨아들인 모든 것을 파괴시킨다는 자신의 믿음은 틀렸다고 선언하여 전 세계를 놀라게 했다.

이날 호킹은 "블랙홀은 일단 형성된 뒤 나중에 문을 열어 안에 빨려 들어간 물체에 대한 정보를 방출하며 따라서 우리는 블랙홀의 과거를 확인할 수 있고 미래도 예측할 수 있다"고 말했다. 수정된 그의 새 이론은 블랙홀이 빨아들인 모든 것을 완전히 파괴하지 않으며 대신 긴 시간 방출을 계속하여 블랙홀 안으로 들어간 정보를 바깥에서 재구성할 수 있음을 시사한다. 이는 고전적인 블랙홀 이론과는 달리 모든 정보를 바깥세계로부터 감추고 있는 엄밀한 의미의 사건 지평선은 존재하지 않는다는 것을 의미하기도 해 물리학계에서 블랙홀을 둘러싼 논쟁이 다시 뜨거워지고 있다.

이날 뜬구름 잡는 것같이 난해하기만 한 천체물리학계 학자들의 장난기 어린 일면을 보여주는 재미있는 일화가 또 하나의 화제가 되었다.

호킹은 논문 발표 후 CALTECH의 존 프레스킬 교수─양자역학 진영에서 호킹의 이론을 반박했던 대표적인 과학자─에게 야구 백과사전을 전달했는데, 호킹과 프레스킬 교수는 29년 전 서로의 이론이 틀렸음이 입증될 경우 상대방에게 야구 백과사전인 『토털 베이스볼』을 사주기로 내기를 했다고 한다. 호킹 박사는 "책을 구하지 못해 크리켓 백과사전으로 대신하려 했는데 프레스킬이 야구 사전을 고집해 어렵게 구했다"고 말해 자신의 패배

를 재치있게 인정했다.

　그러나 아이러니컬하게도 천재 과학자들에 의해 이
론적으로 다져지고 현재 대부분의 과학자들이 믿어 의
심치 않는 블랙홀은 실제로 관측된 적은 없다. 말 그대
로 빛을 내지 않는 검은 천체이기 때문이다. 그러나 블
랙홀을 실제 관측하고 그 위치를 확인할 수 있는 가능
성은 조금씩 커져가고 있다.

　블랙홀은 주변의 물질과 천체들을 흡수하면서 강력
한 X선을 방출한다. 미국은 1999년 7월, 15억 달러짜
리 X선 우주망원경 '찬드라'를 우주왕복선 컬럼비아
호에 실어 보냈다. 찬드라의 주요 임무는 블랙홀이 뿜
어내는 강한 X선을 탐지하는 것이었다. 그 결과, 우리
은하의 중심인 궁수자리에서 블랙홀로 추측되는 강한

X선 방출 천체를 발견했고 NGC 253, M82, 안테나 은하 등에서도 태양 질량의 수백 배 정도의 중간급 블랙홀로 여겨지는 천체를 발견했다. NASA는 이전에도 1993년 일본과 공동으로 발사한 'X선 위성'을 통해 1억 광년 떨어진 N3516 은하에서 블랙홀의 존재를 발견했다고 발표한 바 있다.

블랙홀을 확인하는 또 하나의 방법은 주위 별들의 움직임을 보는 것이다. 궤도 운행을 하는 별들의 중심에 아무것도 없는 것처럼 보이는 경우, 블랙홀의 중력이 작용할 가능성이 크다.

UCLA 천문학과 교수 안드레아 게즈 박사의 얘기를 들어보자.

"블랙홀의 존재를 규명하기 위해서는 블랙홀과 아주 가까이 놓여 있는 별들이 운동하는 모습을 포착해야 한다. 이들 별들을 확인하려면 지상에 설치한 고해상도 장비가 필요한데, 이것은 하와이 관측소에 있는 것과 같은 거대한 망원경을 말한다. 그것을 통해 우리는 별들의 이미지를 매우 정밀하게 관측할 수 있다. 이 기술로 우리는 블랙홀 주변의 별들이 어떤 방식으로 움직이는지 관측할 수 있다."

천문학자들의 연구 결과, 대부분의 은하들은 블랙홀을 가지고 있는 것으로 나타났다. 어떤 은하들은 여러 개의 블랙홀을 가지기도 하고, 어떤 은하에는 초거대 블랙홀이 돌아다니기도 한다.

만약 우리은하계에 이렇게 커다란 블랙홀이 있다면 태양계의 운명은 어떻게 될 것인가.

안드레아 게즈는 다음과 같이 설명한다.

"어떤 블랙홀의 질량은 태양 질량의 대략 100만에서 10억 배에 달한다. 그러나 우리은하계 중심에 있는 블랙홀은 다른 은하계의 블랙홀들에 비해 그 질량이 매우 작다. 다른 은하들에서는 우리은하계의 블랙홀보다 1,000배 이상 큰 거대 블랙홀도 흔하다."

우리은하계의 블랙홀은 은하계 중심에 위치해 있고, 태양은 그 주위를 시속 2만 4,000km의 속도로 회전하고 있다. 아주 멀리 떨어진 곳에서, 충분히 빠른 속도로 돌고 있기 때문에 태양이 이 블랙홀에 흡수될 가능성은 거의 없다. 또한 블랙홀 자체가 다른 은하들에 있는 블랙홀보다 작아서, 주변의 물질을 빨아들이는 양 또한 적다. 먹성 좋다는 블랙홀의 속성으로 볼 때 아주 소식하는 블랙홀인 것이다. 따라서 우리은하계는 블랙홀의 위협에 관한 한 안전한 것으로 전망할 수 있다.

별들의 일생과 태양의 종말

"앞으로 50억 년 후면 태양핵의 연료는 고갈될 것이고 그 구조의 재편이 불가피할 것이다. 즉 태양이 지구의 궤도 밖으로 확장되는 것이다. 그렇게 되면 지구는 태양의 내부에 속하게 되는데 이때 지구의 수분은 모두 증발해 태양의 대기권에 속한 하나의 가스 조각에 불과해진다."

카네기연구소 소속 앤드류 맥윌리엄의 설명이다.

지구상의 모든 생명체의 원천인 태양이 죽어간다면, 지구 또한 생명의 기운을 잃게 될 것이다. 가까운 미래를 얘기하자면 지구와 인류의 운명은 전적으로 태양에 달려 있다. 별들 또한 생명체와 마찬가지로 탄생, 청년기, 장년기, 노년기를 거쳐 죽음을 맞게 된다.

그렇다면 별들의 나이는 어떻게 측정할까? 별들의 나이는 우선 색깔로 알 수 있다. 푸르스름한 빛을 내는 별은 막 태어난 신생별, 노란빛을 띠는 별은 주계열 단계에 이른 청·장년별이다. 붉은빛을 띠는 별은 이미 노년기에 이른 별로 보면 된다. 또한 별의 색깔은 온도에 따라 정해지는데 푸른색은 약 5만°C이고, 청백색은 약 2만 5,000°C이며, 흰색은 약 1만°C이다. 노란색은 약 6,000°C, 주황색은 약 5,000°C, 붉은색은 약 3,500°C이다.

물론 별들의 질량과 색깔에 따라 같은 단계로 보이더라도 나이는 다를 수 있다. 태어날 때부터 질량이 작은 별은 오래 살지만, 질량이 큰 별은 수명이 매우 짧아, 수억 년 내지 수천만 년밖에 살지 못하기 때문이다.

우리에겐 그토록 소중한 존재지만, 정작 태양은 언젠가는 죽을 수밖에 없는 수없이 많은 별들 중 하나일 뿐이다. 바꿔 말하면 이 우주 안에는 태양과 같은 별이 수없이 많다는 얘기가 된다. 천문학자들은 다양한 나이를 지닌 별들을 관측해, 별의 탄생에서부터 죽음까지의 일생을 일목요연하게 정리해놓았다.

간단하게 별의 일생을 살펴보면, 별의 탄생과 죽음은 자체의 질량과 화학적 조성에 따라 결정된다. 전문적인 용어로는 원시성, 주계열, 후 주계열 단계를 거치게 되는데 우선 성간 물질과 가스 구름들이 뭉치면서 중력 작용을 일으키기 시작한다. 즉 물질들이 수축하기 시작하는데 이 과정에서 발생하는 중력에너지의 일부는 열에너지로, 나머지는 복사에너지로 바뀐다. 시간이 흘러 별의 중심부에 있는 수소가 핵융합을 일으킬 수 있을 만큼의 고온, 즉 1,000만°C 정도가 되면 이른바 별이 되는 것이다. 이 단계에 이르기까지의 별을 원시성이라고 한다.

일단 핵융합을 시작하면, 별들은 일생의 대부분을 수소를 태우는 데 소비한다. 이 기간이 주계열 단계로 별 내부의 수소들은 헬륨으로 변하고 헬륨은 별들 내부에 차곡차곡 쌓인다. 헬륨 역시 핵융합을 해서 탄소를 만들어내는데 이렇게 점점 무거운 원소들이 생겨나면서 별의 내부 밀도와 온도는 차츰 높아지고 여전히 핵융합을 일으키는 수소는 별의 바깥쪽으로 밀려나게 된다. 이 단계의 별은 외부의 온도가 상대적으로 떨어져 붉은색으로 보이고 크기는 커지기 때문에 적색거성으로 불린다.

별의 크기는 점점 커지지만 내부에는 무거운 원소들이 쌓여 강력한 중력 에너지가 발생하고 어느 순간 내부의 중력을 이기지 못해 별은 급속한 수축을 일으킨다. 지금까지 비슷한 과정을 밟아오던 별들도 이

별 탄생 지역

과정 이후로는 각자의 질량에 따라 다양한 모습을 보인다.

어떤 것은 대기층이 우주 공간으로 날아가버려 행성상성운으로 불리는 과정을 거쳐 차갑게 식어가는 별 중심부만 남는 이

른바 별의 시체인 백색왜성이 된다. 또 어떤 것은 강력한 폭발, 즉 초신성 폭발을 일으킨 뒤 중성자성이 되거나 블랙홀이 되기도 한다. 앞에서도 얘기한 것처럼, 주계열성 단계를 거친 뒤 별의 진화 과정은 별의 질량에 따라 달라진다.

이론적으로 가능한 질량의 최대치는 태양 질량의 100배까지지만, 현재까지 발견된 별 중에서 가장 무거운 별은 태양의 70배 정도 되는 것으로 알려져 있다. 또한 최소치는 태양 질량의 0.08배 정도인데 질량이 이에 미치지 못하는 경우에는 중심부의 온도가 핵반응을 할 수 있을 만큼 오르지 못하기 때문에 별이 되지 못한다.

천문학자들의 관측과 계산에 따르면, 보통 태양 질량의 3배까지의 별은 적색거성→수축→백색왜성의 단계를 거치며, 태양 질량의 3배에서 15배에 이르는 별들은 거성→적색초거성→초신성 폭발→중성자별의 과정을 겪게 된다. 태양 질량의 15배 이상 되는 아주 무거운 별들은 초신성 폭발 후, 중성자별 혹은 블랙홀이 된다.

그렇다면 태양의 경우는 어떨까.

태양의 내부에서도 수소를 태워 헬륨으로 만드는 핵융합이 일어나고 있는데, 태양의 질량에 따라 핵융합 기간이 정해진다. 이때 태양 중심의 온도는 절대 온도 1,500만K, 표면 온도는 5,800K에 달한다. 태양 자체를 거대한 핵 원자로, 혹은 원자력 발전소라고 보면 된다.

우리의 눈을 따갑게 하고 낮과 밤을 만드는 태양의 빛 에너지는 핵융합 과정에서 원자량의 일부가 전환되어 생긴 것이다. 태양은 별들 중에서도 중간 크기에 속하는데, 지금도 매초에 5억 9,700만 톤의 수소가 5억 9,300만 톤의 헬륨으로 융합되면서 중심부에 쌓이고 그 차액인 400만 톤의 핵물질

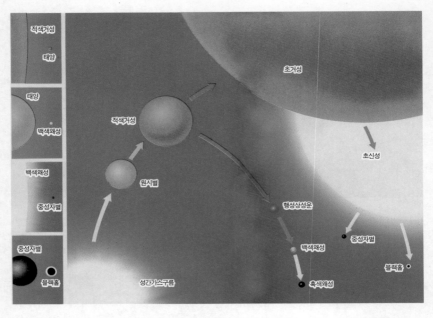

별들의 탄생과 죽음

이 빛 에너지로 전환된다. 이 중에서 지구에 도달하는 빛은 극히 일부만이며 대부분의 빛 에너지는 우주로 발산된다. 1초에 400만 톤씩 계속 소비하다 보면 언젠가는 수소가 고갈되는 때가 온다. 그것이 지금으로부터 약 50억 년 후다. 프리스턴 대학교의 리처드 고트의 설명이다.

"성간기체와 우주의 많은 티끌들 속에서 밀도가 큰 구름이 주위의 물질을 끌어당겨 중심핵이 된다. 이 중심핵이 자체의 중력에 의해 수축되면서 내부 온도와 밀도가 높아진다. 이렇게 내부 온도가 수백만°C로 올라

가면 수소가 연소되기 시작한다. 바로 그렇게 별이 탄생하는 것이다. 태양 역시 46억 년 전에 이런 경로로 탄생했다고 할 수 있다. 태양은 내부에 있는 핵연료를 태우는데, 그 후 장구한 시간 동안 이 과정이 안정적으로 정착되는 것이다. 이것을 주계열 단계라고 부른다. 태양의 경우는 주계열에 머무르는 기간이 앞으로 10억 년 정도 남았다."

수소의 핵융합 과정을 자세히 살펴보면, 먼저 수소가 연소되는 과정에서 만들어진 헬륨이 태양 중심부에 쌓이면서 수소는 점점 태양 외곽 쪽으로 밀려난다. 그러면서도 수소의 핵융합은 계속되고 한편 내부의 헬륨은 탄소 핵으로 융합되면서 또 다른 원자로가 된다. 쌓여가는 헬륨과 탄소 융합 때문에 태양 중심의 압력, 즉 밀도가 높아지고 온도 또한 높아지면서 태양 내부의 온도는 마침내 1억K까지 올라간다. 결국 별의 외부층은 점점 팽창하는데 상대적으로 표면의 온도는 떨어지고, 태양은 붉은색을 띠게 된다. 이것이 '적색거성' 단계다.

적색거성의 표면 온도는 보통 수천 도밖에(!) 되지 않고 직경은 원래 크기의 100배 정도로 늘어난다. 그렇게 되면 태양은 현재 수성이 돌고 있는 궤도보다도 더 커지는 것이다. 또한 적색거성 단계에서는 남아 있는 수소나 그 밖의 가스 껍질을 방출하기 때문에 태양의 질량이 3/4가량으로 줄어들어 지구를 묶어놓을 만한 중력을 발휘하지 못한다. 즉, 지구는 서서히 본 궤도로부터 밀려나 더 큰 궤도를 돌게 될 것이다.

우리의 태양은 언젠가는 적색거성이 될 것이다. 그렇게 되면 부풀어진 태양 때문에 수성은 태양에 잡아먹히고 금성은 새까맣게 타버릴 것이며 지구 역시 흐물흐물해져 생물체를 모두 잃은 채, 느릿느릿 아주 먼 궤도를 도

는 죽음의 행성이 될
것이다. 태양이 실질
적으로 죽음을 맞기
도 전에, 지구의 인류
가 먼저 종말을 고하
게 되는 것이다.

　태양은 그 후에 내
부 압력에 의해 붕괴
되어 지구 정도의 크
기로 수축한다. 수축
하는 운동 에너지가

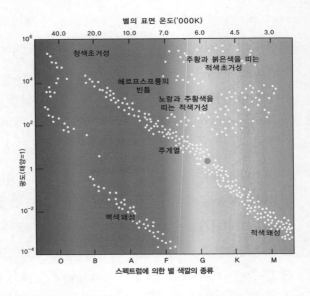

별의 진화단계 색등급도(HR)
붉은 점이 태양의 위치를 나타
낸다.

열로 전환되기 때문에 이렇게 작아진 태양은 다시 지
금보다도 두 배 정도 뜨거워진다. '백색왜성'이 되는
것이다. 그러나 백색왜성은 내부에서 핵융합이 일어
나는 것이 아니기 때문에 서서히 식어간다. 그 빛이
완전히 사라지는 데는 약 수십만 년에서 수백만 년의
시간이 걸릴 것으로 보이며 표면 온도는 2,000K 이하
로 내려가며 이때부터는 우리 눈에 보이지 않고 적외
선만 발산한다. 지금까지 학자들이 발견한 백색왜성
은 약 800개 정도인데, 우리은하의 별들 중 10% 정
도가 이에 해당하는 것으로 추측된다.

소행성 충돌

태양계 바깥쪽 카이퍼 띠와 오르트 구름에는 수많은 소행성과 미행성들이 있다. 그러나 이 작은 행성들은 그곳에만 있는 게 아니다. 카이퍼 띠와 오르트 구름은 소행성들이 밀집한 지역일 뿐, 태양계 곳곳에 산재해 있기도 하다. 보통은 태양계에서 제일 큰 질량을 가진 목성이 이 소행성들의 질주를 온몸으로 막아주고 있다. 그러나 목성을 멀리 에돌아서 지구 주변에 접근하는 소행성들까지 막을 수는 없는 노릇이다. 지구 근처에 있는 소행성들은 지름 100m 정도 되는 것이 10만 개, 1km 이상 되는 것도 1,000개가 넘을 것으로 추측된다.

2002년 7월, 천문학자들은 지름 2km의 소행성인 '2002 NT 7'이 2019년 2월 1일 초속 28km로 지구에 돌진할 것이라고 발표했다. 이것이 지구와 충돌하면 원자폭탄 2,000만 개의 위력을 발휘할 것이라고 한다. 충돌 확률에 대해서는 관측기관에 따라 9만 분의 1에서 22만 분의 1까지 편차가 있다. 이외에도 2100년에는 지름 100m짜리 소행성이 지구와 충돌할 확률도 2%나 된다고 한다. 이것이 현실화될 경우, TNT 폭탄 100메가톤의 위력을 가진다.

지름 1km 이상의 소행성이라면 TNT 폭탄 10만 메가톤급, 현존하는 모든 핵무기의 에너지를 합친 것보다 큰 파괴력이며, 그날로 인류는 종말을 고하게 될 것이다. 천문학자들은 이러한 충돌이 21세기에 발생할 확률이 0.02%나 된다고 추정했다. 이 무슨 영화 같은 이야기냐고 할지도 모르지만, 천만의 말씀이다. 실제로 공룡을 멸종시킨 빙하기의 원인 중 하나로 소행성 충돌을 꼽기도 한다.

2002년 9월에는 NASA 주최로 소행성 충돌 방지에 관한 회의까지 열렸다. 회의에 참석한 천문학자들은 지구에 근접하는 소행성에 '태양우산'을 씌우는 방법과 원자력 엔진을 다는 방법, 그리고 소행성이 지구에 접근하기 전에 소행성 근처에서 핵무기를 폭발시키는 방법 등 소행성의 궤도를 바꾸기 위한 갖가지 방안들을 제시했다.

미국 영화 〈아마겟돈〉에서는 이미 지구에 접근하는 소행성을 핵미사일을 이용해 폭발시키는 모델을 제안한 바 있다. 그러나 천문학자들은 이 방법이 수천 개로 부서진 작은 소행성들이 일제히 지구를 향해 돌진하는 결과를 초래할 뿐이라고 말한다. 따라서 천문학자들은 소행성들의 궤도를 바꿔 지구를 피해가도록 하는 방법을 더 현실적인 것으로 받아들이고 있다.

2001년에 열린 비슷한 회의에서는 로켓에 원자력 엔진을 실어 소행성으로 보낸 뒤 이 엔진을 소행성에 고정시키고 점화해 소행성을 본래 궤도에서 밀어내는 방법을 제시하기도 했다.

또 다른 방안은 소행성에 '태양우산'을 씌우는 것으로 역시 로켓에 실어 소행성으로 보낸 뒤 고정하면 태양에서 나오는 빛의 입자들을 받아 돛을 단 배가 바람에 의해 밀려가듯 소행성을 궤도에서 밀어낸다는 것이다. 소행성 충돌이야말로, 천체 현상 중 지구의 운명에 가장 위협적인 사건이며, 다른 위험성에 비하면 그 시기 또한 코앞에 닥쳐 있는 상황이다.

태양계 종말의 대안, 우주 이민

1980년대 미국의 인기 TV 프로그램 〈코스모스Cosmos〉 시리즈와 영화 〈컨택트Contact〉의 원작자로 유명한 천문학자 칼 세이건Karl Sagan은 인류가 영구 생존하기 위해서는 반드시 다른 행성으로 옮겨가야 한다고 주장했다. 바로 우주 이민이다.

카네기연구소 연구원 폴 버틀러 박사 역시 이 생각에 동의한다.

"태양과 같은 형태의 별은 나이가 들면 대개 팽창한 뒤, 수축하는 특징이 있다. 그렇게 되면 우리 지구는 표면 기온이 상승해 물이 끓어오르고 더 이상 생명체가 살아갈 수 없게 된다. 그러나 태양이 달아올라 더 이상 지구의 생명체가 생존할 수 없게 되기까지 남은 시간은 지금으로부터 약 10억 년 정도다. 인류가 그보다 더 오랜 시간을 존재하고자 하면 지구 말고 또 다른 거처를 찾아야만 한다. 그렇게 되면 지구보다는 기온이 낮은 화성으로 이주할 수는 있겠지만 화성은 지구보다 작고, 보유하고 있는 물이나 자원에도 한계가 있다. 따라서 인류의 영구적인 생존을 위해서는 우리와 비슷한 형태의 행성계를 우주 어딘가에서 찾아내야만 할 것이다."

언제 들이닥칠지 모르는 소행성 충돌을 제외하고 앞으로 예견되는 지구의 종말, 혹은 인류의 종말은 태양과 가장 밀접한 연관을 맺고 있다. 태양이 노화하는 데 따라 닥치게 될 인류 생존의 마지노선은 아주 짧게 잡아 지금으로부터 약 350만 년 후라고 보는 과학자들도 있다. 그래서 NASA는 이미 지구와 같은 조건의 외계 행성, 혹은 외계 생명체를 찾기 위해 궤도 선회 망원경 SIM, 지구형 행성 탐사 우주선 TPF 등의 계획에 착수했다.

본격적으로 지구와 같은 행성을 찾아 나서기 위한 망원경들이 작동되기도 전에, 천문학자들은 이미 기존의 관측 망원경들을 통해 태양과 같은 별 주변에 궤도 운행을 하는 행성들, 즉 행성계가 있는지 찾아보았다. 이 흥미로운 작업에 대해 배태일 박사의 얘기를 들어보자.

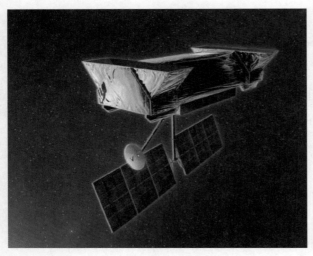

SIM(Space Interferometry Mission)
은 지구로부터 먼 거리에서 천체 측정을 하기 위한 최초의 우주선이다. 지구의 방해물과 잡음으로부터 자유로운 상태에서 아주 먼 거리에 있는 행성을 자세히 관측하게 된다. 이전의 프로그램들보다 훨씬 정밀한 기술을 이용하여 은하수에 있는 별들의 위치와 거리까지 측정을 하게 되는데 이를 통해 우리 은하의 내부의 움직임이나 우리은하 주변부의 암흑물질로 인한 천문학적인 효과 등을 밝히는 것이 목적이다. 2009년에 발사되며 현재 예정으로는 2019년까지 운영하기로 되어 있다.

"태양계는 태양을 중심으로 9개의 행성이 공전하는데 이처럼 별 주위를 행성이 돌고 있는 시스템을 행성계라 부른다. 우리 태양계 말고도 우리은하에 다른 행성계가 있겠느냐에 대해서 많은 사람들이 그럴 것이라고 추정은 해왔지만 확인할 방법이 없었다. 그러나 7년 전부터 우리 태양계 밖의 행성들을 관측, 지금까지 100여 개의 행성계를 발견했다."

지금까지 100여 개에 달하는 행성계를 발견했지만 여기에는 좋은 소식과 나쁜 소식이 포함되어 있다. 우선 좋은 소식은, 우리은하 안에 그처럼 행성계가 존재한다면 전 우주에 걸쳐 더욱 많은 행성계들이 있을 것이고 지구와 같은 조건의 행성을 찾을 확률도 높아질

것이라는 것이다. 그러나 인간의 로켓 기술 혹은 우주
여행 기술의 한계로 봤을 때 우리은하를 벗어나는 것
은 거의 불가능하다. 그렇다면 우리은하 안에서 우주
이민 후보지들을 찾아봐야 하는데 나쁜 소식은 의외
로, 태양계와 같은 조건을 가진 행성계는 아직까지 하
나도 발견되지 않았다는 것이다. 폴 버틀러 박사와 배
태일 박사의 얘기를 차례대로 들어보자.

"지난 수천 년 동안 가져온 의문 끝에 우리는, 우리
의 태양과 같은 형태의 다른 별 주변에도 행성계들이
존재한다는 사실을 밝혀낼 수 있었다. 다만 아직은 우
리 태양계와 같은 형태의 행성계를 발견하지는 못했는
데 그래도 흥분되는 것은 우리가 그와 같은 아주 근본

TPF(Terrestrial Planet Finder)
지구와 비슷한 행성, 즉 지구형
행성을 찾기 위한 프로젝트다.
태양계 행성들과 비슷한 유형
으로, 위성을 갖는 행성들을 위
주로 그 행성들에서 생명이 살
수 있는 화학적 환경이 조성되
어 있는가를 알아본다. 이 미션
을 위해서 행성들의 먼지 형성
과정에서부터 가스가 행성 주
위로 모여서 진화해가는 모든
과정을 면밀히 연구해야 한다.
TPF에 탑재되는 광학 적외선
망원경은 4개의 8m 망원경으
로 구성되어 있다. 첫 발사는
2009년으로 예정되어 있다.

적인 의문 하나를 풀어냈다는 사실이다. 그럼에도 불구하고 우리 태양계와 같은 행성계가 우주 안에 얼마나 보편적인가 하는 문제는 여전히 숙제로 남아 있다. 그것은 아마도 우리 다음 세대들의 과제가 될 것이다."

"우주 이민에 적당한 행성이란, 태양(별)과의 거리가 알맞아서 물이 액체 상태로 남아 있고 섭씨 20°C 정도의 기온을 유지해야 한다…… 결국 별과의 거리 문제인데 지금까지 발견한 행성은 목성처럼 무거운 행성과 별로부터 비교적 가까워서 공전주기가 짧은 것만 있다."

지구와 같은 행성의 조건이라고 하면, 우선 가장 중요한 것이 별(태양)과 행성(지구) 간의 거리이다. 태양계의 예를 보더라도 금성은 지구와 환경이 거의 비슷하지만 태양과의 거리가 지구보다 2/3 정도 가깝기 때문에 그곳의 물은 모두 증발해버렸다. 반대로 지구보다 좀 거리가 떨어진 화성에서는 극관 표면의 물이 모두 얼어버렸다. 지구는 태양과 너무 멀지도 가깝지도 않은 아주 적절한 거리에 위치해 있기 때문에 액체 상태의 물이 존재할 수 있었고 그로 인해 모든 생명체들이 융성했다.

태양-지구 간 거리가 생명체 발생의 첫 번째 조건이라면, 두 번째 조건은 생명체의 안전을 유지하기 위해 필요한 조건이다. 그것은 행성계 안에 산재한 소행성들의 충돌을 막아줄 방패막이, 즉 태양계 안의 목성과 같은 존재다. 그래서 외부 행성계를 찾아 나선 천문학자들은 1차적으로 행성계 안에 목성의 역할을 하는 행성을 찾고 있다. 다시 폴 버틀러 박사의 설명이다.

"앞으로 10년 안에 목성과 같이 거대하고 안정적인 운행궤도를 가진 행성을 발견해낸다는 것이 1차 목표다. 그 이후 10~20년 안에 NASA의 TPF 프로그램이나 유럽의 다윈 프로젝트 등을 통해 지구와 같은 행성을 찾아낼 수 있을 것으로 기대한다."

영화 속에서는 자유자재로 우주를 여행하고, 심지어 〈스타워즈〉 같은 영화에서는 우주 곳곳에 생명체들의 근거지가 있어 전쟁까지 벌이지만 현실은 전혀 딴판이다. 그동안 발견한 100개의 외계 행성들은, 지구와 비슷한 조건을 가진 행성들이 얼마든지 있을 수 있음을 발견했다는 데서 의의를 찾을 수 있을 뿐 실제로 우주 이민이 가능한 행성은 단 한 개도 없었다.

그러나 천문학자들은 우주 이민의 가능성을 포기하지 않는다. 다시 미셸 탈러 박사의 얘기를 들어보자.

"'생명기원' 프로그램의 궁극적인 목적은 다른 우주 공간에도 우리와 같은 생명체들이 존재하는가 여부를 밝히는 것이다. 현재까지 우리가 아는 지적인 생명체라고는 우리 인간뿐이다. 우주에는 우리은하 말고도 무수한 은하들이 있고 별들만 해도 1조 개가 넘게 존재한다. 이런 드넓은 공간에 생명체가 존재하는 천체가 우리 지구뿐이라면 그것은 엄청난 공간 낭비가 아닐 수 없다. 우리들은 특히 우리은하계에 다른 형태의 생명체들이 존재하는가에 연구의 초점을 맞추고 있다. 화성에는 물이 존재하고 운석에서는 화석과 마찬가지로 미생물 형태의 생명체가 발견됐다. 목성의 위성 표면의 얼음 층 아래쪽에 액체 상태의 바닷물이 존재한다. 목성 주위에 어떤 형태의 생명체가 있을 수 있다는 화학적 증거도 발견되고 있다. 따라서 이 프로그램의 목적은 이 넓은 우주 안에 생명체가 얼마나 존재하는가를 밝혀내는 것이다."

어떻게 보면, 우주의 나이 150억 년 동안 인류가 출현한 시기가 이렇게 절묘할 수도 없을 것이다. 인류가 너무 일찍 출현했다면 공룡들을 멸종시킨 소행성에 의해 마찬가지 운명을 걸었을지도 모르는 일이고 너무 늦게 출현했다면 태양의 노화와 함께 태어나자마자 짧은 생을 마감했을지도 모를 일이다. 더욱 늦게 은하의 다른 곳에서, 혹은 다른 은하에서 또 다른 인류가 출현한다면 그때는 이미 우주가 너무 적막해져서 관측할 수 있는 대상이 거의 남아 있지도 않을 것이다.

여러 가지 아쉬운 점이 있긴 하지만 적당한 신비감 속에 지식의 한계와 싸워가며 우주의 시작과 끝을 밝혀가는 지금! 우리 인류가 천문학의 전성시대를 구가하고 있다는 것, 이 시대에 나와 여러분이 살아가고 있다는 것은 얼마나 혜택받은 일인가.

그들의 눈 속에서 우주를 발견하다

우주에 대해 얘기하다 보면, 평소에는 쓰기 어려운 숫자들이 끊임없이 튀어나온다. "안드로메다은하? 그거, 우리은하에서 제일 가까운 은하잖아. 230만 광년밖에 안 돼. 그 안에 들어 있는 별이…… 한 1,000억 개에서, 2,000억 개 정도 되나?" 이런 식으로 말이다. 그렇다면 허구한 날 이런 숫자들을 되뇌어야 하는 천문학자들은 얼마나 배짱이 클까? 더구나 우리들이 알아듣지도 못할 공식과 개념들을 들먹이기 시작한다면 그들의 위세는 아마도 하늘을 찌를지도 모르겠다.

그러나 취재 중 만난 천문학자들은 달랐다. 그들은 한결같이, 우주를 연구하면 할수록 한없이 작아지는 자신을 느낀다고 했다. 프린스턴 대학교에서 만난 리처드 고트 박사는 "우리는 줄곧 지구가 우주의 중심이라고 생각했다. 그리고 모든 행성들이 지구 주위를 회전하고 있다고 믿었다. 그러다 코페르니쿠스가 지구가 우주의 중심이 결코 아니라는 사실을 밝혀냈다. 지구가 태양 주변을 돌고 있고 태양 또한 거대한 우주 속의 평범한 별에 지나지 않는다는 사실도 알게 됐다. 그렇게 보면 지구는 정말 보잘것없는 존재일 뿐이다"라며 인류가 오랫동안 믿어온 지구 혹은 태양 중심주의가 부질없는 것임을 지적했다.

그렇다고 해서 우리 자신이 얼마나 왜소한가를 확인한 것에 좌절하지도 않는다. 그들은 인류를 낳은 이 우주가 어떤 곳인지, 어떻게 생겨나서 어느 방향으로 진화해 갈 것인지, 그리고 그 끝은 어떻게 맺어질 것인지를 밝히는 데 역점을 두고 있다. 바야흐로 과학과 철학의 만남이 이뤄지는 것이다. 그리고 지금껏 천문학 연구가 그러했듯이 인류는 마침내 하나뿐인 우주의 진실에 도달하게 될 것이다.

천문학은 우리 인류가 이 우주 속에서 한 점조차 되지 않는 가냘픈 존재임을 깨닫게 해준다. 동시에 인류는 천문학을 통해 자신이 마침내 이 우주의 섭리를 '완전정복' 할 수 있는 유일한 존재라는 것을 확인할 수 있다. 마지막으로, 취재에 응해준 천문학자들에게 우주를 연구하는 이유를 물었다.

리처드 고트

"우리는 우주 속에 살고 있다. 우주 속의 지구에 살고 있기 때문에 우리가 살고 있는 공간을 이해하고자 하는 건 당연하다. 이것은 우리 생존에 절대적으로 필요한 것이기도 하다. 우리의 운명이 우주의 운명에 달려 있기 때문이다."

이명균

"우주를 연구함으로써 인간이 속해 있고 살아가는 우주의 진짜 모습이 무엇인지 알 수 있고 그런 과정에서 참으로 독특한 기술들이 개발된다. 가장 대표적인 예로, 인간이 달에 착륙하기 위해 아폴로 우주선을 만들었는데 이 기술이 점점 발달해서 지금은 화성까지 우주선을 보냈다. 이렇게 우주여행이 태양계뿐만 아니라 아주 먼 우주까지 확장되도록 하려면 아주 창의적인 연구가 필요하다. 우리 청소년들도 우주의 정체를 밝히는 데 모든 상상력과 창의력을 바칠 수 있게 되길 바란다."

제임스 건

"나는 우주를 경외한다. 인류의 역사나 과학의 발전은 인간의 힘으로 알아낼 수 있는 것들로 이루어져왔다. 그러나 인간이 이런 연구실에서 우주의 모든 실체를 알아낼 수 있기를 기대하는 것은 지나치게 오만한 생각이라고 본다. 저 우주에는 아직도 인간이 알아내지 못한 존재들이 무수히 많다. 그것은 인간으로서 매우 자랑스러운 것이기도 하다. 알려지지 않은 존재들에 도전함으로써 인간 지성의 거대한 도약을 이뤄낸 것이다. 우주는 아주 많은 신비를 갖고 있지만, 언젠가는 이런 것들을 완전히 이해하는 날이 올 것을 믿어 의심치 않는다."

'우주의 끝'이라는 화두를 붙잡고 원고에 매달리기 시작한 것이 2002년 11월. 천문학계의 동향과 연구 자료들을 살펴보니, 어느 것 하나 '우주의 끝'에 대해 명쾌하게 풀어놓은 것은 없지만, 동시에 그 모든 천문학자들과 모든 연구 성과들이 이 주제와 조금씩이라도 관련을 맺고 있었다.

자, 어디서부터 풀어가야 할까.

난감하기 짝이 없었지만 가장 최근에 정리된 탐사 및 연구 성과들을 토대로 그 프로젝트를 진행했던 연구자들을 추려나갔다. 물론 이 분야에서 고군분투하고 있는 학자들은 너무나 많고, 그들의 소재 또한 미국은 물론 유럽, 일본, 중국에 이르기까지 여러 대륙에 걸쳐 있었지만 정해진 방송 일자까지 남은 시간 동안 효율성을 높이기 위해서는 취재 동선을 최소화할 필요가 있었다. 그렇다면 이 분야 최고 연구자들이 가장 많이 모여 있는 나라는 어디인가. 그것은 미국이었다. '우주의 끝'에 관련해 주목할 만한 리포트들의 출처는 상당 부분 미국의 학계와 연구기관들이었다. 또한 이 나라는, 문자 그대로 '천문학적 비용'이 드는 천문학 분야의 연구와 투자에서 타의 추종을 불허한다.

그러나 취재 대상이 주로 미국 기관이라고 해서 천문학을 미국의 전유물로 생각해서는 곤란하다. 상대적으로 매스컴의 주목을 덜 받기는 하지만 러시아는 인류 최초로 유인 우주선을 쏘아 올렸고 최초의 우주정거장을 띄운 바 있는 나라로서 여전히 우주강국의 면모를 유지하고 있고 중국역시 2003년 10월, 중국 최초의 유인우주선을 발사하는 데 성공함으로써우주시대의 새로운 주력부대로 등장하고 있다. 유럽에서는 여러 나라가협력한 ESA가 미국의 NASA에 버금가는 연구력을 과시하고 있다.

이 외에도 자체적으로 연구시설을 보유하기 힘든 한국과 같은 여러 나라의 경우, 우수한 천문학자들이 미국이나 유럽의 연구 프로젝트에 참여하는방식으로 천문학 연구에 일조하고 있다. 이번 취재 과정에서도 미국의 여러대학교와 천문대, 연구소에서는 그곳의 소속 연구원으로서 일익을 담당하고 있는 한국인 천문학자들을 꽤 많이 만날 수 있었다.

1차 자료조사 단계와 2차 현지 취재 단계에서 수많은 과학자들을 접촉했지만 시간과 주제가 한정된 방송 프로그램의 특성상 많은 이들이 편집에서'잘려' 나갔다. 그러나 방송 프로그램에 등장을 했든 못했든 간에 그들이 아낌없이 내준 시간과 의견들은 한결같이 프로그램을 살찌우는 필수 영양소였음은 분명하다. 이에, 프로그램 제작에 일등공신이었던 과학자들을 한곳에 모아 소개한다.

폴 버틀러|Paul Butler

폴 버틀러는 행성 연구 분야에 관한 한 세계 최고의 전문가로 꼽힌다. 은하계 속의 태양을 닮은 행성들의 관측과 연구에 대한 프로젝트를 15년 동안 수행하고 있으며 5AU 안에 태양과 유사한 행성들 중의 12%는 위성을 가지고 있다는 사실을 밝혀냈다. 모든 방송, 인쇄매체에서 그를 인터뷰하기 위해 줄을 서 있을 정도다. 어떤 분야의 최고 권위자를 만나러 갈 때는 머릿속에 일정한 이미지를 떠올리기 마련이다.

폴 버틀러 박사를 만나러 갔을 때는 길가에 아직 잔설이 덮여 있던 3월. 그런데 우리 앞에 나타난 그는 반소매 차림의 혈기 왕성한 남자였다. 권위적이거나 점잔 빼는 유형과는 전혀 거리가 멀어 보였다. 연구실에는 방송 출연 때마다 받은 기념품도 많았는데, 이 기념품들 중에서 KBS 방송팀들로부터 받은 것들을 꺼내 보이기도 했다. 아마도 처음 만나는 취재진과의 어색함을 지우고 싶었으리라.

폴 버틀러
카네기연구소 지자기장 부분
연구원

제임스 건James Gunn

JPL에서 2년간 근무하고, CALTECH을 거쳐 프린스턴 대학교에서 천문학을 가르치고 있다. 2001년에는 캐나다 천문협회에서 우수한 천문학자에게 강의를 맡기는 페트리에 교수Petrie Lecturer로 선정됐다. 현재 천구의 1/4 영역에서 밝은 천체들의 밝기와 위치를 찾아 지도화하는 SDSS(Sloan Dgital Sky Survey)에서도 중추적인 역할을 맡고 있다.

사진에서도 알 수 있듯이 은색 턱수염과 백발의 제임스 건 박사는 언뜻 보면 헤밍웨이를 떠올리게 한다. 연구실 안에는 온통 망원경이나 그 부속에 관한 도면과 재료들이 가득해 방의 주인이 공학자가 아닌가 싶을 정도다.

제임스 건
프린스턴 대학교 천문학과 교수

리처드 고트Richard Gott

리처드 고트는 프린스턴 대학교에서 천문학을 가르치며, 우리나라에서도 출간된 『아인슈타인의 우주로의 시간 여행 Time Travel in Einstein' s Universe』의 저자이기도 하다. '시간 여행'이라는 흥미로운 주제를 가지고 여러 방송 프로그램에 출연해 아이들에게 특히 인기가 많다.

외모를 보면, 형사 콜롬보다. 날씨와 관계없이 노란색 장화를 애용한다. 강의실에서는 특유의 화술로 좌중을 압도한다. 특히 아동이나 청소년들에게 천문학을 쉽게 설명해, 천문학자들 중에는 드물게 인기 강사로 꼽힌다고 한다. 인터뷰에 앞서 자신의 007가방을 하나 열어 보이는데, 그 안에는 다양한 강의 소품이 가득하다. 학교 당국에서도 같은 과 교수도 그와는 연락이 잘 안 된다고 하니 한마디로 괴짜 교수다.

리처드 고트
프린스턴 대학교 천문학과 교수

데이비드 스퍼겔David Spergel

데이비드 스퍼겔은 이론 천체물리학자이며, 가까운 행성들에서부터 우주의 형성에까지 관심 분야가 넓다. 지난 몇 년 동안 우주 전역에서 감지되는 우주배경복사를 관측하여 초기 우주의 형태를 조사하는 '윌킨슨 마이크로파 관측위성 WMAP'의 연구를 담당하고 있다.

은하의 구조를 연구하는 SIM 프로젝트팀에 소속되어 있으며 암흑물질과 생성 중인 은하에도 관심이 많다.

학위 논문은 암흑물질에 관한 것이었으며 최근에 이 분야에 대한 연구에 다시 집중하고 있다. 현재는 암흑물질이 강력한 자기상호작용self-interactions을 하는 물질일 가능성을 탐구하고 있다.

프린스턴 대학교 과학자·공학자 그룹에 소속되어 가까운 항성 주변에 지구와 같은 행성들의 이미지를 촬영할 수 있는 새로운 기술 개발에도 주력하고 있다.

데이비드 스퍼겔
프린스턴 대학교 천문학과 교수

안드레아 게즈 Andrea Ghez

안드레아 게즈는 MIT에서 공부하고 CALTECH에서 물리학 박사학위를 받았다. 켁 망원경을 연구할 수 있는 자격을 얻으면서 블랙홀에 대한 엄청난 발견을 이루었다. 주로 별의 생성과 은하 중심의 거대 블랙홀을 연구한다. 그녀 역시 천문학 관련 프로그램에 단골 출연하는 것으로 유명한데, 블랙홀 주변의 별들의 움직임을 관찰함으로써 거대 블랙홀의 존재를 입증했다.

"블랙홀이 처음 어떻게 형성된 것인지에 관해서는 아직 정확한 답을 알지 못한다. 다만 블랙홀의 성분 분석을 통해 블랙홀과 은하계의 상관관계를 추적하고 있을 뿐이다. 지금으로서는 블랙홀과 은하계가 동시에 형성된 것이 아닌가 추측하고 있다."

안드레아 게즈
UCLA 천문학 · 물리학과 교수

미셸 탈러|Michelle Thaller

미셸 탈러는 일반인을 대상으로 하는 교육 프로그램을 진행하고 있으며 여러 과학 잡지에 많은 과학 칼럼을 소개하고 있고 TV에도 자주 출연한다. 뜨거운 별들hot stars, 충돌하는 행성 간 바람 발생, 행성 간 결합 등에 대해 연구한다.

NASA에서 심혈을 기울이는 프로젝트 중에 하나인 '생명 기원 프로그램'에 관한 인터뷰에 가장 적당한 인물로 추천된 사람이다.

인터뷰 내내 당당하고 활기찬 태도로 일관, 자신의 일에 상당한 자신감을 가지고 있음을 알 수 있었다.

미셸 탈러
NASA의 우주 적외선 망원경
프로젝트의 구성원

웬디 프리드먼Wendy Freedman

웬디 프리드먼은 허블 망원경을 이용한 우주 팽창 관련 연구들을 진행 중이다. 별과 은하의 진화에 관심이 많아 우주의 모든 물체들과 은하들로부터 발산되는 통합된 빛을 측정하는 데 주력했다. 현재 허블 망원경의 적외선 카메라를 통해 M31 은하의 구상성단들을 관측하고 있다.

아주 시원시원한 답변의 소유자이다. 그러나 '해도 해도 답이 없을 것 같은 천문학을 연구하는 이유가 무엇인가' 라는 질문에 그녀는 "이렇게 짧은 인생 동안 무한한 우주를 관측하고 연구할 수 있다는 것 자체가 영광"이라고 대답했다. 천문학자들 특유의 겸손함과 사명감을 엿볼 수 있었다.

웬디 프리드먼
카네기연구소 소속

앤드류 맥윌리엄Andrew McWillam

앤드류 맥윌리엄은 우주의 화학적인 진화를 알아내기 위해 적색거성을 집중 연구하고 있다. 이 외에도 성운과 구상성단의 갈색왜성을 연구, 태양의 1/1,000에 해당하는 철 성분을 가진 별들을 발견했다.

취재 중 만난 천문학자들의 공통점은, 인터뷰를 매우 잘한다는 것이다. 그들은 한결같이 TV 인터뷰에 매우 익숙한 듯 자연스러웠다. 그런데 앤드류 맥윌리엄은 조금 달랐다. 그는 수줍음을 타는 성격인 듯, 과연 자신의 연구나 인터뷰가 프로그램에 도움이 될지 모르겠다고 계속 걱정했다.

앤드류 맥윌리엄
카네기연구소 소속

사울 퍼뮤터Saul Permutter

사울 퍼뮤터는 먼 거리의 초신성을 관측, 우주팽창의 속도가 빨라지고 있다는 것을 발견한 공로로 2002년 로렌스 상을 수상했다. 그는 우주가 영원히 가속 팽창한다고 말한 최초의 학자이며 초신성 연구에 관한 총 책임자다.

사울 퍼뮤터 역시 미국과 영국, 일본 등 여러 나라의 천문학 관련 프로그램에 단골 출연했다. 그는 한국에서도 잠깐 공부한 적이 있다며 취재진에게 굉장한 관심과 애정을 보였다. 탤런트 기질이 있다고 할 만큼 인터뷰에 무척 적극적이며, 몸짓이나 표정에서 그 어느 학자들보다 유쾌한 분위기를 연출한다.

현재 그의 가장 큰 프로젝트는 초신성을 관측해서 우주 팽창의 비밀을 밝히는 것이다. 그러나 초신성을 발견하기란 그야말로 '하늘의 별 따기' 나 다름없는 확률과의 싸움.

사울 퍼뮤터
로렌스버클리연구소 소속

그렉 레플린Greg Laughlin

그렉 레플린은 70여 개의 태양계 밖 행성들을 탐지하고 매달 그 행성들의 이동 경로를 조사, 이를 통해서 우리은하 속에서 태양계의 시스템을 분석한다.

또한 별들의 일생과 은하의 진화, 장기적 관점에서 본 우주의 진화 등을 연구한다.

취재진이 인터뷰를 하고 있는 동안, 상담 및 자문을 구하는 학생들의 방문이 끊이지 않을 정도로 학생들 사이에 굉장히 인기가 많은 교수라고 한다. 클린트 이스트우드처럼 푹 파인 눈매가, 서부의 카우보이를 연상케 하기도 하고 어떻게 보면 끝을 알 수 없는 우주처럼 보이기도 한다.

그렉 레플린
산타크루스 캘리포니아 대학교
의 천체 물리학과 교수

안드레이 린데|Andrei Linde

안드레이 린데는 1983년에 이미 우주의 가속 팽창설을 제안, 1986년에는 가속 팽창 우주의 원리에 관한 이론을 제시했다. 현재는 원자 우주학과 우주의 가속 팽창에 관한 연구에 집중하고 있으며 특히 우주 팽창에 관한 풍선이론을 연구 중이다.

그에게서는 여느 미국 학자들과는 다른, 독특한 면모가 풍긴다. 그 누구보다도 진지하고 심각하게 스스로 우주의 운명을 묻는 숙제에 빠져 있음을 느낄 수 있다.

그도 그럴 것이 린데 박사가 지지하는 이론은 하나의 우주가 아닌 다원 우주, 즉 풍선우주이기 때문이다. 사울 퍼뮤터 박사가 우주 팽창의 가속을 확인하기 훨씬 전부터 이론상 가속 팽창설을 제안했던 그가 아닌가. 그의 이론은 또 하나의 선견지명을 낳을지도 모를 일이다.

안드레이 린데
러시아 출신의 천문학자. 스탠포드 대학교 물리학 교수

이명균

　외부은하와 우주론을 전공한 서울대학교의 이명균 교수는 때마침 안식년을 맞아 미국 카네기연구소에서 연구 활동 중이었다. 그 역시 학생이나 다름없을 만큼 소탈한 외모의 소유자이다. 카네기연구소에서는 교수들이 번갈아가면서 점심을 직접 만들어 먹는다고 한다. 이명균 교수는 불고기나 비빔밥을 준비해 늘 교수들에게 환영받는 편이라고 한다.

이명균
서울대학교 천문학과 교수

배태일

배태일 교수는 스탠포드 대학교에서 물리학을 가르치며 NASA와 ESA가 함께 쏘아 올린 태양풍 관측 인공위성 '소호' 프로젝트를 주도하고 있다. 평생을 태양 연구에 바친 사람답게 과학자의 면모가 풍긴다.

배태일 교수는 어느 과학자가 태양을 연구한다고 하면, 그건 너무 광범위한 표현일 것이라고 말했다. 태양 연구만 해도 흑점에 관한 연구, 자기장에 관한 연구 등 분야가 세분화되어 있는데, 특히 배태일 교수는 태양의 흑점 활동에 관심이 많다.

배태일
스탠포드 대학교 천체 물리학
교수

임명신

허블 망원경의 은하계 형성을 알 수 있는 근거리 행성들을 관측, 연구 진행 중이다. 하와이 섬의 해발 4,200m 마우나케아 산 정상에 있는 세계 최대의 '켁 망원경'을 통해서 지상을 연구 중이며 CALTECH의 우주 적외선 망원경 SIRTF 과학 연구센터의 연구원이며 IRAC 연구팀과 함께 연구 중이다. DEEP-1 프로젝트에 참여하며 은하계 진화에 대해서 관심이 많다.

조명규

제미니GEMINI 그룹의 광학망원경 연구원이자 애리조나 대학교 광학공학 연구원이기도 하다. 망원경의 광학 시스템을 연구한다. 반사경 보조 시스템, 광학 시스템, 광학 표면 진화 연구, 지상 망원경들과 우주망원경을 다각도로 연구 진행 중이다.

하와이와 칠레에 설치된 대형 망원경 제미니 계획에 참여했으며 현재는 지름 30m의 초대형 망원경 계획 GSMT에 참여하고 있다.

카네기연구소

미국의 연구소들은 도심이나 시내에 자리잡은 곳도 있지만 아주 의외의 지역에 있는 경우도 많다. 카네기연구소가 그런 경우인데 도시로 치면 워싱턴에 속하지만 연구소가 위치한 곳은 그저 평범한 마을이다. 주변에는 식당도 거의 없는 주택가다. 하얀 돔이 눈에 띄는 천문대 건물을 빼면 그냥 전원주택처럼 보일 정도다.

1902년, 과학 발전을 위해 워싱턴에 세운 연구소로 본부는 워싱턴에 있으며 발생학, 지구물리학, 지구생태학, 식물생물학, 지자기, 천문대의 6개 연구 부서로 나누어 운영하고 있다. 카네기연구소를 거쳐 간 학자들 중에는 노벨상을 수상한 바바라 멕클린탁Barbara McClintock, 앨프레드 허쉬Alfred Hershey, 그리고 에드윈 허블이 있다. 지구생태학연구소는 스탠포드에 있고 지자기연구소는 워싱턴에 있다. 천문학과 지구 행성 과학 연구를 위한 천문대는 캘리포니아의 파사데나와 칠레의 라스캄파나스에 있다.

카네기연구소
취재 때 방문한 곳은 캘리포니아의 천문대가 아닌, 연구자들이 상주하는 워싱턴연구소다.

아파치 천문대

취재 기간 중 처음으로 천문대에서 밤 관측 하는 순간을 목격한 곳이다. 그러나 밤 관측이라고 해서 천문학자들이 직접 망원경에 눈을 갖다 대는 것은 아니고 20~30대의 컴퓨터가 프로그램에 따라 망원경을 원격조종하고, 분석 내용을 분류한다. 천문학자들은 컴퓨터가 일차로 수행한 분석 자료들을 토대로 좀 더 세밀한 관찰과 해석에 들어간다.

아파치 천문대는 미국 뉴멕시코 주 새크라멘토 산에 위치한 천문대로 지름 3.5m 천체물리학 관찰용 망원경과 전천지도全天地圖 작성 계획의 일환으로 설치된 SDSS(Sloan Digital Sky Survey) 2.5m 망원경, 뉴멕시코 주립대학의 1m 망원경 등을 보유하고 있다.

시카고 대학교, 콜로라도 대학교, 존스 홉킨스 대학교, 뉴멕시코 주립대학교, 프린스턴 대학교, 워싱턴 대학교 등이 컨소시엄을 형성하여 보다 교육적인 목적으로 운영하는 천문대다.

아파치 천문대가 보유하고 있는 SDSS 2.5m 망원경

인터넷상의 유용한 천문 사이트

NASA(www.nasa.gov/home/index.html)

세계 우주과학의 선두주자, NASA의 홈페이지.

〈NASA 최신 뉴스〉(www.nasa.gov/news/highlights/index.html)에서는 말 그대로 천문학계의 최신 뉴스를, 〈NASA 멀티미디어〉(www.nasa.gov/multimedia/index.html)에서는 Video features, interactive features, video gallery, nasa images, nasa TV 등 NASA에서 제작한 각종 동영상들을 볼 수 있다.

그 외 NASA 관련 기관들

- 제트추진연구소(www.jpl.nasa.gov/)
- 우주망원경연구소(www.stsci.edu/)
- 오늘의 천문학 사진(antwrp.gsfc.nasa.gov/astropix.html)
- 오리진스(origins.jpl.nasa.gov/)
- 국제우주정거장(spaceflight.nasa.gov/)
- 우주왕복선(www.hq.nasa.gov/)

BBC 우주 사이트(www.bbc.co.uk/science/space/)

영국 국영방송사 BBS에서 운영하는 천문 우주 사이트. 실력 있는 연구진의 심도 있는 자문과 오랜 기간 전문적이고 교육적인 프로그램 제작의 노하우를 살려 초등학생부터 전문가들까지 다양하게 즐길 수 있게 되어 있다.

크게는 〈Solar System〉과 〈Space〉〈Exploration〉〈Life〉 등의 카테고리로 나뉘어 있는데 각 카테고리마다 풍부한 삽화 및 사진과 함께 흥미진진한 내용이 수록돼 있다.

천문우주정보센터(kadc.kao.re.kr/)

한국천문연구원에서 운영하는 자료 센터.

〈이달의 천문현상〉〈세계의 천문소식〉 등에서 다양한 천문학계 뉴스를, 〈천체사진〉〈망원경〉〈우주과학〉 등에서는 관측 사진들과 첨단 관측 기술들을 다루고 있다. 이 외에도 〈국내 학술자료〉〈국내외 관측자료 DB〉〈국내외 천문사이트〉 등을 통해 더 많은 정보를 접할 수 있는 창구 역할을 하고 있다.

허블 사이트(www.hubblesite.org/)

허블 우주망원경이 전송해온 사진들과 새로운 발견, 연도별 업적 외에도 천문학 이면에 숨겨진 과학 이야기, 풍부한 일러스트레이션을 동원한 허블 우주망원경의 구조와 탐사활동, 사진 전송 방법 등이 자세히 설명되어 있다.

유럽우주국(www.esa.int/esaCP/index.html)

미국의 항공우주국 NASA와 같은 역할을 하는 기구. 1960년, 벨기에 · 프랑스 · 독일 · 이탈리아 · 네덜란드 · 영국 등 6개국이 참여해 우주 로켓 유로파를 만들기 위해 결성된 유럽 우주 로켓 개발기구 ELDO(European Launcher Development Organization)로 출발해 1962년에는 덴마크 · 스페인 · 스웨덴 · 스위스가 더해져 국가적 차원의 통신위성에서부터 과학기술에 이르기까지 모든 종류의 우주 활동과 연구를 포괄하는 유럽우주연구기구 ESRO(European Space Research Organization)를 설립했다.

이후 1975년, 좀 더 효율적인 우주 개발을 위해 ESA를 출범시켰는데 현재는 위의 국가들에 더해 아일랜드 · 오스트리아 · 노르웨이 · 핀란드 · 포르투갈 등 총 15개국이 연합하고 있다. 본부는 프랑스 파리에, 그리고 각 회원국들에 전문 센터가 있다.

몇 군데 대표적인 센터를 살펴보면 독일 쾰른의 EACEAC(European Austronaut Center)는 우주비행사들의 훈련기지, 독일 다름슈타트의 ESOC(European Space Operations Center)는 인공위성 통제국, 이탈리아 로마의 ESRIN(European Space Research INstitute)에서는 관측 위성으로부터 얻은 데이터를 처리한다. ESA의 최대 기관이자 유럽 우주 활동에 대한 시험센터인 ESTEC(European Space Research and Technology Center)는 네덜란드 누르드윅에 있다.

카네기연구소 천문대(www.ociw.edu/)

윌슨 천문대(www.mtwilson.edu/)

팔로마 천문대(www.astro.caltech.edu/observatories/palomar/)

켁 천문대(www2.keck.hawaii.edu/gen_info/kiosk/index.html)

유럽 남천문대(www.eso.org)

보현산 천문대(www.boao.re.kr)

고다르 우주센터(www.gsfc.nasa.gov/)

글 이영옥

1993년에 KBS 구성작가로 입문하여 그동안 〈영상기록 병원 24시〉(KBS) 〈차인표의 블랙박스〉
(KBS) 〈휴먼 스토리 여자〉(SBS) 〈사이언스21〉(KBS) 등 주로 교양 다큐멘터리의 원고를 집필
하였다. 영화에도 많은 관심을 가지고 있어 〈접속! 무비월드〉(SBS) 〈영화 그리고 팝콘〉(KBS)의
원고를 집필하기도 했다. 현재는 〈한민족 리포트〉의 원고를 진행하고 있다.

감수 곽영직

서울대학교 자연과학대학 물리학과를 졸업하고 미국 켄터키 대학교에서 박사 학위를 받았다.
1983년부터 수원대학교 물리학과 교수로 재직하고 있다. 곽영직 교수는 〈월간 에세이〉〈독서
평설〉〈소년조선일보〉 등에 과학 이야기를 연재하고, 교육방송에서 물리학에 관한 강의를 하는
등 일반인과 과학의 거리를 좁히기 위해 애써왔다. 우주와 물리학에 대한 많은 이야기를 담고
있는 홈페이지(http://phys.suwon.ac.kr/~kdh/)는 네티즌들의 사랑을 받고 있다.
『물리학이 즐겁다』『별자리 따라 봄 여름 가을 겨울』『청소년 과학 시리즈 1, 2, 3』『원자보다 작
은 세계 이야기』『과학 이야기』『아빠, 달은 왜 나만 따라와?』 등 다수의 과학 책을 집필하였다.

우주 그 끝은 어디인가

글 이영옥
원작 KBS 사이언스21
감수 곽영직

초판 1쇄 발행 2004년 10월 10일

책임편집 손경여 · 장미향
본문디자인 이수경 · 신형애
마케팅 구본산 · 노현승

펴낸곳 바다출판사
펴낸이 김인호
출판등록일 1996년 5월 8일 **등록번호** 제10-1288호
주소 서울시 마포구 서교동 403-21 서흥빌딩 4층
전화 322-3885(편집부), 322-3575(마케팅부) **팩스** 322-3858
E-mail badabooks@dreamwiz.com
ISBN 89-5561-255-9 04400
        89-5561-253-2 (세트)

*값은 뒤표지에 있습니다.